JN239793

ヒョウモントカゲモドキ
と暮らす本

監修／寺尾佳之
編・写真／大美賀 隆

エムピージェー

ヒョウモントカゲモドキと暮らす本

CONTENTS

はじめに

　ヒョウモントカゲモドキは中央アジア原産のヤモリの仲間。単に「ヒョウモン」と略されたり、英名のレオパードゲッコーから「レオパ」の略称で呼ばれたりすることもあります。ペットとして知られるようになったのは1980年代で、美しい模様やおとなしい性格、丈夫で飼いやすいことから今では特に人気の高い爬虫類となりました。初めて飼育する爬虫類がヒョウモントカゲモドキという人も多いようです。

　ヒョウモントカゲモドキに限らず生物を飼育するうえで大切なポイントは、飼いたい生物の生態を理解すること。そこで本書では、まったくの初心者でも飼育できるように生態や彼らが好む環境、飼育の知識、そしてかかりやすい病気についてもわかりやすくまとめました。お宅訪問で紹介している方々の飼育事情も、きっと参考になるはずです。

　ヒョウモントカゲモドキは、しっかり飼えば10年以上も生きる長寿のペット。まずはお気に入りの1匹を選んで、ヒョウモントカゲモドキとの生活を楽しんでみましょう。

新訂版にあたって

　本書の初版発刊から9年が経ちました。その間に多くの方々にご愛読いただき、生態を重視した飼育解説はヒョウモントカゲモドキの飼育スタイルに大きな影響を及ぼしたようです。

　そして今回、増補改訂版を経て、より充実した内容で新訂版を発刊する運びとなりました。図鑑パートでは原種とベーシックな品種に新たな品種を加え、さらにヒョウモントカゲモドキからのステップアップで飼育する機会が多いオバケトカゲモドキも紹介しています。この新装版を手に取っていただいた読者がヒョウモントカゲモドキと楽しく暮らせることを願っています。

カバーの個体／ウッドブラウンハイポタンジェリンアルビノ、アフガニクス
撮影／大美賀 隆
デザイン／株式会社 ACQUA

ヒョウモントカゲモドキ の プロフィール

ペットとして人気のある爬虫類は？　と問われれば、間違いなくヒョウモントカゲモドキの名前が出てくるでしょう。日本だけでなく、世界中で愛されているヒョウモントカゲモドキ。その魅力を紹介しましょう

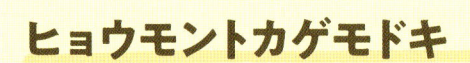

ヒョウモントカゲモドキ

学名 *Eublepharis macularius*

英名● Leopard Gecko（レオパードゲッコー）

分布● 中央アジア～西アジア

（インド北部、北西部～パキスタン、アフガニスタン東部、南東部）

全長● 20 ～ 25cm

体重● 60g 前後

寿命● 飼育下では 10 年以上

● アジア出身の爬虫類

　ヒョウモントカゲモドキはカメやヘビ、ワニなどと同じ爬虫類です。「モドキ」という名前が付きますが、れっきとしたトカゲ（ヤモリ）の仲間。学術的には、トカゲモドキ科（トカゲモドキ亜科とする説もあります）のアジアカゲモドキ属（*Eublepharis*）に分類されます。

　自然分布はインドやパキスタン、アフガニスタンなどのアジア圏。現地に生息する原種（ワイルド個体）の体は細かい黒斑で覆われ、まるでネコ科のヒョウを思わせることからヒョウモン(豹紋)の名があります。

　海外ではレオパードゲッコー（Leopard Gecko）の英名で呼ばれます。Leopard ＝ヒョウ、Gecko ＝ヤモリという意味で、やはりその模様から付けられた名称です。この英名を略して爬虫類ファンからは「レオパ」の愛称でも親しまれています。

　ちなみに、色彩の派手な生き物には毒があることも多いのですが、ヒョウモントカゲモドキに毒はないので安心してください。

● ペットとして人気者に

　ヒョウモントカゲモドキが日本のペットシーンに登場したのは、今から約40年前の1980年代です。模様の美しさや飼いやすさから爬虫類ファンに注目される存在になりました。

　当初はワイルド個体が流通していましたが、次第に飼育下で繁殖させたブリード個体が流通するようになると、選別交配により色彩の鮮やかな美しい個体が登場。人気はさらに高まりペットとしての地位は不動のものとなりました。

● 様々なモルフがファンを魅了

　現在ヒョウモントカゲモドキには、様々な色彩や模様をした個体が知られています。人為的な交配や選別によって作出されたもので、これらは品種やモルフ（表現型）と呼ばれ、多くのファンを引き付け魅了しています。

　モルフによってはヒョウ柄を持たないものも登場するなど、改良の進化はとどまるところを知りません。今後もファンをアッと言わせるようなモルフが作出されることでしょう。

● 飼いやすく繁殖も可能

　ヒョウモントカゲモドキは大きなケージを用意しなくても飼育できるため、広い飼育スペースがいらず、複数のモルフをコレクションしている人もたくさんいます。

　飼いやすいことに加え長寿ということも魅力です。上手に飼育できれば10年以上は生き、30年近く生きた個体も知られています。このように長く生きる爬虫類ですから、きっとあなたの大切なパートナーになるはずです。

　また、ヒョウモントカゲモドキは飼育下での繁殖も可能です。オスとメスをお見合いさせ交尾させるペアリングや、産卵の準備、卵の管理など、飼育者が行なうことは多いですが、それだけにベビーが誕生したときの喜びは大きいものです。

　もちろん繁殖させるには、まずはしっかりと飼育して元気な個体を育てることが大切。本書では飼育に加え繁殖についても紹介しています。ぜひ参考にしてヒョウモントカゲモドキライフを満喫してください。

体のつくりと各部名称

ヒョウモントカゲモドキの体と各部位を見てみましょう。各部位のつくりには、意味があります。その仕組みを知っておくと飼育や健康管理に役立つはずです

全長

体長

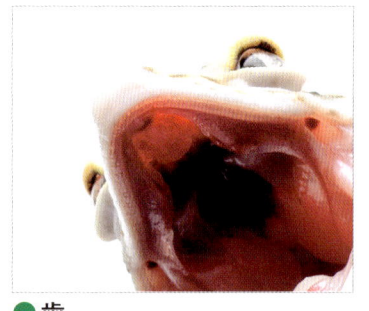

● 歯
上下の顎には細かい歯が密に並んでいて、餌をしっかりと捕らえます

● 耳
耳の穴（耳孔）の奥には鼓膜があります

● 総排泄腔（そうはいせつこう）
尾の付け根にある総排泄腔はフン便を排泄するだけでなく、交尾や産卵など生殖にも関わる器官です

● 舌
扁平な舌を持ち、周囲の物を舐めて確認することもあります

● 鱗
体表は細かい鱗と突起状の鱗で覆われ、定期的に脱皮をします

● 足
頑丈な足で体を支えます

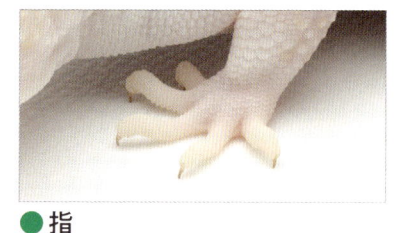

● 指
指先にはツメを持ち、地面を掘ったり物に登ったりするのに役立ちます。指の腹にはニホンヤモリのようなヒダ（趾下薄板）はないため、物に貼り付くことはできません

●まぶた
トカゲモドキの仲間はまぶたを持ち、睡眠時やまぶしい時には閉じることができます

●鼻
吻端には鼻孔があります

目 瞳は明るい時は細くなり、暗いと広がります。虹彩はモルフによって色彩が異なります

ノーマル
通常の目は銀灰色の虹彩に網目状の模様が入ります

ソリッドブラックアイ
虹彩が瞳と同じ黒になり全体が黒く見えます。ウルウル目とも呼ばれます

スネークアイ
虹彩の前後が黒または赤い目。虹彩と黒または赤が半々の目はハーフアイと呼びます

マーブルアイ
虹彩に黒い色彩が入り、文字通り大理石のような表現になります（撮影／冨水明）

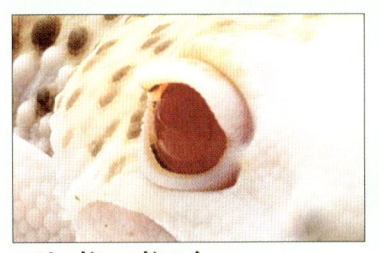

ソリッドレッドアイ
一部のアルビノが持つ全体に赤い目。ルビーアイとも呼ばれます

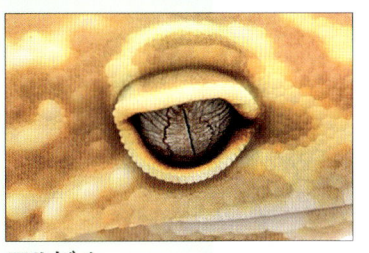

アルビノ
乳白色の虹彩に赤い瞳をしています

成長と模様の変化

写真提供／寺尾佳之

ヒョウモントカゲモドキはサイズによって飼育管理にも気を配るポイントがあるため、その成長過程を知っておくことは飼育に役立つでしょう。また、成長するにしたがって模様や色彩が変化するのも大きな特徴です

ヒョウモントカゲモドキの成長ステージ

ヒョウモントカゲモドキは、成長過程により「ベビー」「ヤング」「サブアダルト」「アダルト」のステージに大別できます。各ステージにおける年齢やサイズの目安を知っておくと、飼育しているヒョウモントカゲモドキの成長具合や健康状態を把握しやすいはずです。

●ベビー *Baby*

年齢の目安● ふ化〜約1ヵ月目
サイズの目安● 全長約 12cm まで

●ヤング *Young*

年齢の目安● 約1〜3ヵ月目
サイズの目安● 全長約 12 〜 15cm

●サブアダルト *Subadult*

年齢の目安● 約3〜8ヵ月目
サイズの目安● 全長約 15 〜 18cm

●アダルト *Adult*

年齢の目安● 約8ヵ月以降
サイズの目安● 全長約 18 〜 25cm

成長による模様の変化

多くのモルフはベビーの頃はバンド柄をしており、成長とともに模様が乱れて、やがてそのモルフ特有の模様になります。下の写真はスーパージャイアントの成長を追ったものです。ステージによって模様が変化しているのがわかります。モルフによって変化の仕方は様々ですが、一例としてその変化を見てみましょう。ベビーとアダルトでは、まるで別種と思えるほど模様は変化します。

●ベビーの模様はとっても派手

ベビーの頃は黄色と黒のバンド模様で、
とても鮮やかな色彩をしています

●ヤングになるとバンド模様は消失

ベビーの頃に特徴的だったバンド模様は、成長とともに乱れ
斑紋が目立つように。模様や色彩はまだはっきりとしています

●サブアダルトでは模様がさらに変化

さらに成長してサブアダルトになると
模様はまばらになり、色彩は淡くなってきました

生態

ヒョウモントカゲモドキはどんなヤモリなのか？
その生態を知ることは飼育に大いに役立つでしょう

● 自生地は砂漠じゃない？

ヒョウモントカゲモドキの自生地は中央アジア〜西アジアの荒れ地や、砂礫地帯など荒涼とした乾燥地帯です。しかし、そこは砂で埋め尽くされた砂丘のような場所ではありません。土や砂礫が混じった地面、散在する大小の岩、乾燥に強い植物がまばらに生えているような環境です。

● 地中に穴を掘って生活

自生地では岩の下のすき間や、他の生物が掘った穴を住み家としています。実際に飼育してみると、爪の生えた指を器用に使って、床材に穴を掘る様子も観察できます。自生地でも自分で穴を掘るなどして、住みやすい環境を作っていると思われます。外は乾燥していても、彼らの住み家となる地下は湿度が高いと考えられます。その証拠に乾燥した環境で長期飼育すると調子を崩したり、脱皮に失敗したりするケースが多々見られます（飼育環境に関してはP25 〜 27を参照）。

● 夜に活動する夜行性

本来ヒョウモントカゲモドキは夜行性のヤモリです。昼間は巣穴でじっとしていることが多く、夜になると巣穴から出てきて餌を探すなど動き回ります。しかし飼育下では昼間でもシェルターから出てきて餌を食べるなど、飼育環境に慣れると昼間でも活動するようになります。

● 食性は昆虫食

ヒョウモントカゲモドキの食性は昆虫食です。野菜は食べません。飼育の際は餌用のコオロギやワーム類、デュビア（餌用ゴキブリ）といった昆虫が彼らの主食になります。また、最近では乾燥飼料や冷凍飼料のほか、専用の人工飼料なども販売されています（餌に関してはP37 〜 47を参照）。

自然下では岩の下や穴の中に潜むヒョウモントカゲモドキ。飼育する際には必ず住み家となるシェルターを入れましょう

昆虫食性のヒョウモントカゲモドキは小昆虫を好んで捕食します。飼育時は餌用のコオロギなどを与えると良いでしょう（写真提供／寺尾佳之）

● 尾を立てるのは「行動」のサイン！

ヒョウモントカゲモドキは相手を威嚇する時や、攻撃を仕掛ける時には尾を立てます。機嫌が悪い時やびっくりした時にも立てることがあり、この時に手を出したり触ったりすると噛まれることがあるので注意しましょう。また、餌に狙いを定めている時やオスが交尾を仕掛ける時などは、尾を地面と平行にやや持ち上げて小刻みに振る様子が見られます。尾を動かすのは行動時のサインともなっているようです。

尾を持ち上げて威嚇！　この時は無理に触ると噛み付かれることもあるので要注意

● 脱皮をする

爬虫類であるヒョウモントカゲモドキは定期的に脱皮をします。古い表皮が白く浮いたようになると脱皮が始まります。脱皮は早くて数分で終わり、脱皮殻はたいてい食べてしまいます。うまく脱皮をさせるには湿度があることが大切です。乾燥した環境ではうまく脱皮できず、脱皮殻が指先や尾に絡まって壊死してしまうことがあるので、適した環境を維持しましょう（脱皮に関してはP48、P130を参照）。

脱皮時には古い皮膚が白くなって浮いていきます。脱皮開始から完了までは早くて数分ほど。いつの間にか終わっていることもしばしばです

● 尾が切れて、また生える⁉

トカゲの仲間には生命の危険を感じると自分の尾を切り離し、「敵が尾に注目している間に逃げる」という生態を持つものがいます。このような行動は自切といい、ヒョウモントカゲモドキも飼育者に尾をつかまれた時や、ケンカの時などに自ら尾を切り離してしまうことがあります。尾はヒョウモントカゲモドキにとって脂肪を蓄えておく大切な器官。切り離すのは、生命の存続をかけた一大事なのです。ただし、ヒョウモントカゲモドキの場合、自切した後に尾は再生されます。この尾は再生尾と呼ばれ、元通りの尾ではなく突起状の鱗が目立たない、スベスベした表皮になることが多いようです。再生尾は意外にも愛らしい印象を与えてくれますが、当然のことながら故意に自切させるようなことはしてはいけません。

交尾時にメスに噛まれて尾を自切してしまったオス。自切した傷口に新しい組織が盛り上がり、再生尾が形成されます

再生尾の個体はけっこう可愛い。不幸にも尾を自切してしまっても、大切に飼育してあげましょう

ペットとしての ヒョウモントカゲモドキ

今や爬虫類の中でもトップクラスの人気を誇るヒョウモントカゲモドキ。ペット界での歩みや人気の理由などを探ってみましょう

- CB（Captive Breeding）：
  飼育下で繁殖させたブリード個体
- WC（Wild Caught）：
  野生で採集されたワイルド個体

● CB と WC

ヒョウモントカゲモドキは日本だけでなく、世界中で親しまれている人気のヤモリです。ペットとして登場した当初は西アジアなどの自生地で採集されたワイルド個体が流通していましたが、やがて飼育下で繁殖されたブリード個体が多く流通するようになりました。このブリード個体は CB と呼ばれます。これは Captive Breeding の略で「飼育下で繁殖させること」という意味です。対してワイルド個体は WC とも呼ばれ、これは Wild Caught の略で「野生で採集された」という意味です。現在ではワイルド個体の流通はごくまれで、ほとんどはブリード個体となっています。これはホビーとして健全な方向だと言えるでしょう。ブリード個体の流通が多くなるにつれて、様々な色彩や模様を持つ個体が人為的に作出されるようにもなりました。

● 時代を彩る人気モルフたち

ブリード個体が多くなると、選別交配によってより黄色みの強い個体が作られました。これがハイイエロー（P84参照）で、ヒョウモントカゲモドキの人気が高まるきっかけとなりました。その後、タンジェリン（P85参照）、アルビノ（P92参照）などが登場すると、ヒョウモントカゲモドキの世界は、ますます華やかになりました。このような色彩や模様に特徴がある個体はモルフ(morph＝表現型といった意味) と呼ばれ、多くのファンを魅了しています。本書の初版本が発刊された 2015 年前後は人気の W&Y（P116参照）が様々な交配に使われたり、エクリプス（P107参照）など目に変異が現れたりするモルフも注目されました。

ヒョウモントカゲモドキのペットとしての
歴史を変えたハイイエロー

ヒョウモントカゲモドキは家族の
人気者！（京都府／狩野さん宅）

● 丈夫で飼いやすい

　本章の冒頭でも書いたように、丈夫で飼いやすいのがヒョウモントカゲモドキの魅力です。爬虫類の飼育がまったく初めての人であっても本書で紹介している飼育方法を実践すれば、ヒョウモントカゲモドキとの楽しい生活を送れると思います。ヒョウモントカゲモドキは大切に飼えば10年以上も生きるという長寿なところも魅力のひとつ。ぜひ家族の一員として迎え入れてください。飼育がうまくいき、相性の良いペアが得られれば、繁殖も夢ではありません。

● モルフが豊富でコレクションも楽しい

　ペットショップや爬虫類のイベントに出かけると、色とりどりのヒョウモントカゲモドキに会うことができます。近年改良が加速し、次々に特徴的なモルフが登場しています。本書ではP78からの「ヒョウモントカゲモドキ図鑑」にて、有名で人気のある65のモルフを紹介していますので、ぜひお気に入りのモルフを見つけてください。飼育のコツがわかったら、コレクションをしてみるのも良いかもしれません。もちろん、ただ集めるだけでなく、しっかりと飼育してあげることが大切ですね。

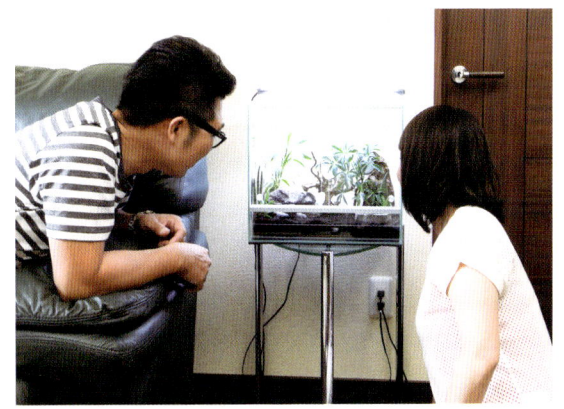

夫婦で世話を分担。
ヒョウモントカゲモドキは家族の一員（大阪府／星さん宅）

アルビノといえば、このトレンパーアルビノを指すほど有名で人気。様々なモルフの交配にも使われています

ケージを並べて複数飼育も楽しめます（京都府／狩野さん宅）

飼育スタイルと楽しみ方

飼育の基本を押さえればケージ内にオブジェや、アクセサリーを取り入れてアレンジすることもできます

● どのように飼う？

生物を飼育する際は、まずは適切な環境を用意することが大切です。ヒョウモントカゲモドキの場合も温度や湿度の管理に加えて、土を原材料にした底床材、隠れ家（シェルター）、水入れなどを用意します。P24〜 65 の飼育編を参考に適切な環境を整えれば、様々なレイアウトを施して飼育することも可能です。

基本的な飼育スタイル

通気性に優れたケージを使用し、赤玉土やソイルなどの底床材を敷き、シェルター、水入れ、温湿度計をセットするのが基本です。底床のスペースに余裕があれば流木などを入れるのもいいでしょう。

レイアウト製作：寺尾佳之
飼育キット：レオパ飼育キット S（ジェックス）
ケージサイズ：約幅 31.6 ×奥行 20 ×高さ 19.2cm
追加アクセサリー：流木

飼育環境に順応したヒョウモントカゲモドキは元気な姿を見せてくれます

アレンジで楽しむ!

より大きなケージを使用すればアレンジの幅も広がります。発泡スチロール製の人工岩でシェルターを作ってみたり人工の植物などで緑を取り入れてみたりと、思い思いにレイアウトを楽しむこともできます。

レイアウト製作:寺尾佳之
飼育キット:レオパ飼育キットM(ジェックス)
ケージサイズ:約幅31.6×奥行31.6×高さ19.2cm
追加アクセサリー:発泡シェルター、石、カクタススケルトン風オブジェ、人工多肉植物

人工岩は発泡スチロール製のため仮に岩組が崩れても、ヒョウモントカゲモドキがケガをする危険性が低いのがポイント

幅、奥行が31.6cmあるケージならスペースは十分。アクセサリーを使ったレイアウトを楽しむことができます

使用したのはこの飼育キット

ここでは飼育に必要な器材が同梱されている飼育キット「レオパ飼育キット」(ジェックス)を使用しました。ケージのサイズやアクセサリーが異なるSとMがラインアップされているので、個体サイズによって使い分けるのもおすすめです

ヒョウモントカゲモドキ と 暮らす方法 導入編

● 入手方法は？

ヒョウモントカゲモドキの主な入手方法と、
購入時の注意点について紹介します

● 購入時のチェック

どこでブリードされた個体か？　健康状態は？
購入時に飼育者がチェックする項目を知っておきましょう

● 運搬時の注意点は？

購入後は安全第一でお持ち帰り。意外に
盲点になりがちな運搬時の注意点を把握
しておきましょう

ヒョウモントカゲモドキの入手方法

　ペットとして人気の高いヒョウモントカゲモドキですが、どのように入手すれば良いのでしょうか？　知り合いからの譲渡を除いては、「爬虫類専門ショップ」や「総合ペットショップ」「イベント」「ブリーダー」から入手、という方法が一般的です。

爬虫類の専門雑誌やインターネットなどでショップやイベントの情報を得て、実際に足を運んでみるのも良いでしょう。ショップやイベントでの入手には、それぞれに利点がありますから次ページでさらに解説します。

購入時の注意点と手続き

　爬虫類の販売業者には、お客への対面説明が義務付けられています。爬虫類の通信販売は禁止されており、インターネットでのオークションなどでの取扱いもできません。しかし、よくよく考えれば生体を間近に確認してから購入することができるということで、健康状態など個体のチェックもしやす

いはずです。

　また、購入に際しては、販売者が用意した確認書に購入者の氏名や住所などを記入します。これは爬虫類だけでなく哺乳類や鳥類などでも同様で、売る側も買う側も責任を持ってペットを扱うという確認作業だと言えるでしょう。

ヒョウモントカゲモドキは総合ペットショップの爬虫類コーナーで販売されていることも多く、気軽に個体を見ることができます（撮影協力／P&LUXE）

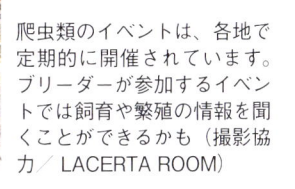

爬虫類のイベントは、各地で定期的に開催されています。ブリーダーが参加するイベントでは飼育や繁殖の情報を聞くことができるかも（撮影協力／LACERTA ROOM）

ショップでの購入

　ショップには「爬虫類専門店」や、犬や猫、鳥、爬虫類を扱う「総合ペットショップ」、ホームセンター内の「ペットコーナー」など、様々な形態があります。店舗の規模や特色も様々で、爬虫類専門店でもヒョウモントカゲモドキを扱っていない場合や、逆に小規模なペットコーナーでも意外に多くのモルフを扱っていることもあります。これらのショップでは複数のモルフを見比べることができたり、海外の最新モルフが入手しやすかったりというメリットがあります。また、餌や飼育器材が販売されていることも多いですから、これらを実際に確認して購入できるのも利点でしょう。

ヒョウモントカゲモドキの販売コーナー。様々なモルフを見比べてお気に入りの個体を購入することができます（撮影協力／P&LUXE）

イベントで購入

　現在日本で開催されているイベント（即売会）は、「総合イベント」と「ブリーダーズイベント」に大別できます。他のペットに混じってヒョウモントカゲモドキもいろいろなモルフが販売されています。イベントの最大の利点は、数多くの個体を見比べることができるということでしょう。色彩や健康状態など、細かくチェックしてから購入できるのはうれしいところ。ただし、イベントは開催数や時期が決まっているため、その日を逃すと当分入手のチャンスがないので注意しましょう。

爬虫類のイベントは多数の個体を見比べて入手できるチャンス。ただし、開催時期は不定期の場合もあるので、事前に雑誌やインターネットで情報を入手すると良いでしょう。写真は 2014 年夏に開催されたジャパンレプタイルズショー（撮影／冨水 明）

■ 総合イベント

　総合イベントはいろいろなジャンルのショップやブリーダー、ペット関連業者などが集まるイベントです。大規模なものもあり、さながらお祭り感覚で楽しめます。ヒョウモントカゲモドキはショップやブリーダーのブースで購入することができます。また、著名な外国人ブリーダーが参加したり、最新のモルフが販売されたりすることもよくあります。

■ ブリーダーズイベント

　ブリーダーズイベントは主に国内の爬虫類ブリーダーが集まる即売イベント。ブリーダーが繁殖させた個体を直接入手できるので、人気の高いイベントと言えます。また、普段はなかなか話す機会のないブリーダーから飼育管理の方法や、繁殖などのアドバイスを聞くこともできるなど、コミュニケーションを取れるのもメリットと言えるでしょう。年間の開催数は限られてしまいますが、開催時期の情報を入手して、一度は訪れてみると良いでしょう。

ブリーダーズイベントでの販売風景。普段は入手機会の少ない国内ブリード個体がずらりと並びます（写真提供／寺尾佳之）

購入時のチェックポイント① ▶ ブリードされた国を確認する

ペットとして流通しているヒョウモントカゲモドキのほとんどは、国内や海外でブリードされた個体です。そこで導入する際にポイントとなるのが、どこでブリードされた個体なのかということです。例えば魅力的なモルフが次々と発表されるアメリカでは、ブリーダーによっては高温の環境で累代的にブリードしています。それを知らずに

個体を導入後、低温乾燥の環境で飼育を開始すると調子を崩してしまい、なかなか餌を食べてくれないなど、飼育がうまくいかないということが度々聞かれます。そこで購入時には、ブリードされた国や場所を確認し、その個体が育った環境に近づけて飼育をスタートし、徐々に自宅の環境に馴染ませていくようにしましょう。

購入時のチェックポイント② ▶ 購入する個体が育った環境や餌を確認する

ブリードされた国に加えて、育った環境や与えられていた餌を確認するのも重要です。特にアメリカブリードの場合は高温の環境でミールワームを与えて育てられることが多く、日本の環境に順応させるには、相応の飼育技術も必要です。特に日本ではコオロギを餌にすることが多いのですが、これはコオロギが栄養バランスに優れ入手が容易だという利点があるからです。ミールワームも良い餌ですが、脂肪分が多いため、多用はおすすめできません。そこ

で、餌をミールワームからコオロギに切り替える必要がありますが、これも時間やテクニックが必要です（餌の切り替えについてはP29を参照）。初心者がこれらの作業を行なうのはかなり大変でしょう。そこでショップによってはアメリカブリードの個体を日本の環境に慣らし、餌もコオロギに餌付かせてから販売しているところもあります。初心者の場合はそのような個体を購入できれば、失敗は少なくなるはずです。

購入時のチェックポイント③ ▶ ブリード国別の特徴を把握しておこう

現在日本に流通している個体がブリードされている国は、「日本国内」「EUなどのヨーロッパ」「アメリカ」に大別できます。各エリアでブリードされた個体の特

性を把握しておくと導入しやすいと思います。なお、国別の初期飼育方法については、P28〜29で詳しく解説しているので、そちらも参考にしてください。

国内ブリード

●日本の環境に馴染んでいるので導入しやすい
●餌はコオロギを与えていることが多く、コオロギに餌付けしやすい

国内での流通量はアメリカ産やヨーロッパ産が目立つため国内産は注目度が低くなりがちですが、日本の環境でブリードされているため導入しやすく、飼いやすいのが特徴です。初めて飼育する人にもおすすめ。ただし流通量が限られているので、特定のショップやイベントで入手する必要があります。

EUブリード

●日本に近い環境でブリードされていることが多く、比較的導入しやすい
●餌はコオロギを与えていることが多く、コオロギに餌付けしやすい

主にドイツから輸出されることが多いようですが、実際にブリードされている国はドイツ以外の国であることも多く、詳しくは販売業者に確認が必要です。一般にEUなどヨーロッパでブリードされた個体は、日本でのブリーディング環境に近いようで、比較的導入しやすいというメリットがあります。新モルフなども発表されており、EU産は今後も要注目です。

アメリカブリード

●高温の環境でブリードされていた個体は、高温で飼育を開始する
●餌はミールワームを与えているブリーダーが多く、コオロギを与えたい場合は徐々に切り替えていく

アメリカはヒョウモントカゲモドキのブリードの本場。日本での流通量もとても多く、ゆえに入手の機会も多いと言えます。アメリカ産というと南部のフロリダなど、高温環境でブリードされた個体が有名で、日本でも多く流通しています。ただし、ひと口にアメリカといっても国土は広く、北部の低温環境でブリードされた個体も流通しているため、アメリカ国内のどこでブリードされたかを確認することも導入時のポイントになります。

個体のチェック

ヒョウモントカゲモドキを購入する際には、必ず個体の健康状態をチェックします。まずチェックしたいのは痩せていないかどうか。尾が細い、頭部や背骨が浮いて確認できる個体は痩せています。痩せている個体は単に食事量が少ない、飼育環境が悪い、という以外にもクリプトスポリジウムなどの原虫症（P127 参照）に感染している場合もあるので特に注意が必要です。

その他、下記を参考にして個体をチェックしてみましょう。

❶ 痩せていないか
尾、頭、背骨をチェック。痩せている個体は餌食いが悪い発育不良の個体や、感染症の危険性も

❷ サイズと年齢が合っているか
健康で順調に成長している個体を購入したい。個体のサイズと成長期間の目安は P8を参照

❸ ケガや外傷の有無
体に傷がないか確認。傷があると感染症の危険性も

❹ 脱皮不全がないか
脱皮不全で指などに脱皮殻が残っている個体は、後に指が壊死して脱落してしまうことも（P130 参照）。脱皮不全が見られる個体は、悪環境で飼育されていた可能性が高いため要注意

❺ 四肢が曲がっていないか
足が曲がっていたり、動きがおかしかったりするのは骨の異常やクル病（P128 参照）の可能性もあり

❻ 皮膚に異常がないか
皮膚に異常がある個体は病気に感染している可能性も

健康面のチェック

❼ 餌は何を与えていたか
餌が変わると食べないことも多いため、導入後は今までと同じ餌を与えて環境に慣らす

飼育環境面のチェック

❽ 今までの温度・湿度を確認
環境が大きく変わるとストレスになることも。今まで育った温度や湿度を確認して、導入初期は変化を少なくしたい

❾ どこでブリードされた個体か
ブリードされた国や会社名などをチェック。導入初期はそれまでの環境に合わせて飼育

安全第一！ 運搬時の注意点

爬虫類は対面説明が義務付けられているため、たいてい購入後は自分で運搬することになると思います。運搬に適した温度は20〜30℃くらい。低温のほうが耐えられますが、高温は特に危険。30℃以上にならないように注意します。ヒョウモントカゲモドキに限らず、盛夏や冬期などは生物の運搬は特に注意が必要です。ちょっとしたミスで個体に大きなダメージを与えてしまったり、死んでしまったりすることもあるため細心の注意を払いましょう。

● 夏の運搬

夏は高温に注意し直射日光を避けて運搬します。個体を持ち歩かなくてはいけない時は、日中は避けて夜間に運搬するほうが良いでしょう。また自動車などで運搬する場合はクーラーをかけ、直射日光が当たらない場所に置きます。たとえ短時間でも絶対に車内に放置してはいけません。購入後はできるだけ早く持ち帰るようにします。

● 冬の運搬

冬は低温に注意が必要ですが、意外に盲点となるのが、携帯カイロを使用する場合です。ヒョウモントカゲモドキが入った容器をカイロの上に置くと低温火傷をすることがあるので注意しましょう。夏期同様に購入したらできるだけ早く持ち帰ることが大切です。

購入後はカップなどの容器に入れて持ち帰ることが多いと思います。運搬時にはカップをダンボールなどの容器に入れ、すき間を新聞紙などで埋めると断熱・保温効果がアップするだけでなく、カップが安定し揺れによるストレスも軽減できるはずです。ダンボール箱や新聞紙などはショップですぐに用意できない場合もあるので、自分で事前に用意しておくと万全でしょう。

運搬には主にカップなどが利用されます。ショップやブリーダーによっては、カップの底に木くずやキッチンペーパーなどを敷くことが多いようです

カップには空気穴を開けること。穴は内側から開けて、ヒョウモントカゲモドキの皮膚を傷付けるなどの、万が一の事故を未然に防ぐことも大事

運搬時にはカップをダンボール箱などに入れ、すき間を新聞紙で埋めると良いでしょう。温度の極端な上昇や低下に注意し、できるだけ早く帰宅します

ヒョウモントカゲモドキ
お宅訪問
I COME
I LOVE
01
星 昭一さん・花子さん

夫婦で毎日ケアする愛しの「ヴィーノ」
木登り大好きな、おてんば娘

石で組んだシェルターがヴィーノの家。底床材には「フロッグソイル」を使用し、常に適度な湿度をキープ

背の高いガラス製のケージは部屋にマッチ。ケージ内には観葉植物を配して緑のあるレイアウトに

◆星さんのヒョウモントカゲモドキ飼育データ

飼育歴	約2年
個体の名前／モルフ／年齢／性別／サイズ	ヴィーノ（レッドストライプ2歳♀）20cm
ケージのサイズ	40 × 25 × 35（H）cm
基本温度の設定	特になし
保温器具の種類	ピタリ適温プラス2号(レップジャパン)／冬はケージ背面にも追加
床材	フロッグソイル（スドー）
餌	コオロギ（イエコなど）
サプリメント	カルシウム＋ビタミンD3(ジェックス)を毎回コオロギにダスティング
給餌頻度	状態を見ながら毎日2匹
メンテナンス	水が汚れたら交換。底床は半年に一度全部交換
その他	観賞用にLEDライトを朝から夕方まで点灯

出会いはペットショップ
「連れ帰って！」とアピール

　星さん夫妻が飼育するヒョウモントカゲモドキは、レッドストライプのメスで名前はヴィーノ。2013年6月生まれの2歳です。ユニークな名前は、お気に入りの赤ワイン「ヴィーノ」からの命名。彼女と出会ったのはペットショップ。「リクガメを飼ってみたくてショップへ行ったら、アピールしてきたんです。かわいかったですね（笑）」

　と昭一さん。2013年9月にヴィーノを迎え入れました。

　かつてはインコやメダカを飼育していた昭一さん。現在はミニチュアシュナウザーのダリと暮らすなど、大の生き物好き。爬虫類はヒョウモントカゲモドキが初めてで、ショップの店員さんから飼育のアドバイスをもらい、インターネットも活用して飼育環境を整え、工夫もしています。例えば冬の保温。室温が低下しがちな冬場は、ケージの下に設置したプレートヒーターに加え、ケージの背面にも設置して保温を強化しています。

レッドストライプのヴィーノ。きめ細かいケアで元気いっぱい。生き物に興味のある知人が訪れるとヴィーノの美貌に釘付けだとか

▶星さん夫妻と愛犬のダリ。「思ったより飼育が楽で手間のかからない爬虫類ですね」と昭一さん。「流木に登ったり、よく動きます。コオロギを捕まえるのが下手で、そこがまたかわいいです」と花子さん

▼冬場はケージの背部にもヒーターを設置して、温度が下がらないようにしている

失敗を糧に、今は家族の一員
いずれは繁殖もさせてみたい

毎日の世話を欠かさない星さん。掃除や餌やりは昭一さんが、コオロギのキープは奥さんの花子さんが担当するなど役割を分担している。それでも失敗を経験したそう。食後に吐血してしまったとか。
「コオロギを与えすぎたのが原因だと思います。それ以降は気を付けて餌を与えるようにしています」

現在は様子を見ながら、コオロギを毎日2匹与えています。ヴィーノとのこれからの生活については、
「ヴィーノがメスなので、オスを迎えて繁殖させてみたいですね」

と花子さん。お二人のきめ細やかな世話があれば、ヴィーノの2世誕生も夢ではないでしょう。

愛のレオパ写真

写真／星さん夫妻

流木に登るのは日常茶飯事。活発に活動するヴィーノ

だれ？キノボリトカゲなんて言ってんの！

さあ、探検するわよ!!

ヒョウモントカゲモドキ と 暮らす方法 飼育編

ここからは実際の飼育について解説します。まずはヒョウモントカゲモドキが好む理想的な飼育環境を知り、それを再現するために必要な器材を確認したら、実際に飼育ケージをセッティングしてみましょう

飼育環境

必要な器材

餌について

脱皮のケアなど

ステージ別飼育方法

飼育ケージセッティング

レイアウト&複数飼育

理想的な 飼育環境

ヒョウモントカゲモドキの飼育では、本来彼らが暮らしていた自然環境に近付けることがポイントとなります。彼らは中央アジア〜西アジアの乾燥地帯に住んでいますが、だからといって常に乾燥を好むわけではありません。日中は地下の穴などに潜んでいて、ある程度の湿度が確保されていると考えられます。もちろん完璧に現地の環境を再現するのは一般家庭では無理な相談。そこで、できるだけ彼らが好む環境に近付けつつ、日本での飼育環境に慣れてもらうようにすることが大切です。

ヒョウモントカゲモドキが本来住んでいた野生環境を考慮すると、昼は温度が上昇し夜間は下がるような温度変化があり、また昼に比べて夜間のほうが湿度が高くなるような環境が理想的です。温度や湿度の詳しい設定は後述しますが、温度や湿度の管理は爬虫類用の保温器具だけでなく、家庭用のクーラーや加湿器などを使えば、思ったよりも難しくないはずです。

また、理想的な環境を作るためには適した床材の選択や、隠れ家となるシェルターなども必要になります。それらの器具がなぜ必要なのかを知ることも大切です。

丈夫で飼いやすいけど、しっかりケア！

ヒョウモントカゲモドキは確かに丈夫で飼いやすいヤモリです。しかし、それゆえに雑に扱われてしまうケースがよく見られます。丈夫なため悪環境でも耐えてしまい、場合によっては繁殖することさえあり、それでついつい飼育がうまくいっていると勘違いしてしまうことも多いようです。

悪環境が続けば、やがてストレスで短命に終わったり、産卵してもふ化率が低かったりするなど、残念な結果になってしまいます。丈夫で飼いやすい生物は、実はしっかりと飼えているかが見えにくい生物でもあるのです。

好環境で飼育された個体と悪環境での個体を見比べれば、体の色つや、目の輝き、四肢のたくましさなどが、まるで異なることに気が付くでしょう。飼いやすいと言われるヒョウモントカゲモドキですが、より理想的な環境で飼育して、立派な個体に育て上げたいものです。

ヒョウモントカゲモドキの飼育では温度と湿度の管理が特に大切となります。温湿度計を設置して常にチェック

温度について

　年間の温度設定に関してですが、繁殖を目指す場合は季節による温度変化を付けたほうが良く、その具体的な方法は繁殖のページで紹介します（P70〜77参照）。繁殖を目的とせずに飼育するなら季節による温度変化はあまり意識せずに、ケージ内の場所によって温度差を付けるようにし、これを常に維持します。

　具体的には30℃前後の高温の場所と、25℃前後の低温の場所を作ります。高温の場所を作るのは、餌を与えた後に代謝を上げて消化を促すためです。低温下では消化が進まなくなるため、高温の場所を作って消化を助けるようにします。一方、低温に設定するのは、ヒョウモントカゲモドキが休む場所です。休む時は代謝を下げたほうが良いため、シェルターの周

辺が25℃前後になるように温度設定しましょう。

　温度設定はだいたいの目安であり、多少の前後は問題ありません。ただし、ヒョウモントカゲモドキは、低温には強くても高温になるとダメージを受けやすいので注意しましょう。また、ベビーやヤングを飼育する際は、やや高めの温度、湿度に設定する必要があります。成長ステージ別の詳細な飼育方法については、P50〜53を参考にしてください。

温度管理の方法

　ケージ内の温度は室温によって左右されるので、室内エアコンで温度管理する方法がおすすめです。エアコンを25℃に設定すれば、ケージ内もほぼ同じ温度を維持することができます。そのうえで爬虫類用のプレートヒーターなどを使用して、ケージ内の一部、例えば水場回りなどが30℃前後になるようにします。

　ヒョウモントカゲモドキが休むシェルターの周囲は、

25℃前後の低温に維持します。つまりシェルターの下には、プレートヒーターを敷かないことがポイントとなります。微妙な温度設定は、プレートヒーターをずらして保温の範囲を変えたり、ケージとヒーターの間に薄い板を入れたりすることでも可能です。飼育の環境を考えながら、最適な温度管理をしましょう。

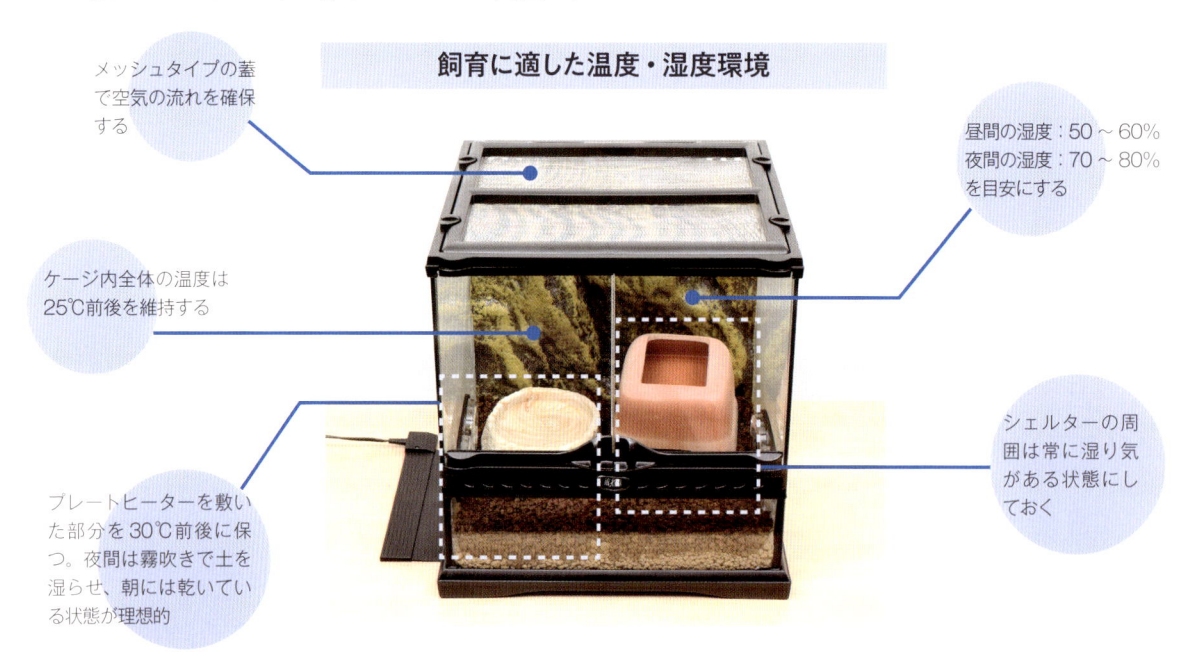

飼育に適した温度・湿度環境

メッシュタイプの蓋で空気の流れを確保する

昼間の湿度：50〜60%
夜間の湿度：70〜80%
を目安にする

ケージ内全体の温度は25℃前後を維持する

シェルターの周囲は常に湿り気がある状態にしておく

プレートヒーターを敷いた部分を30℃前後に保つ。夜間は霧吹きで土を湿らせ、朝には乾いている状態が理想的

湿度について

昼夜で湿度に差があるほうが良く、半日は多湿の環境を保つようにします。具体的には昼間は湿度50～60%と低め、夜間は70～80%くらいの高めを目安にして湿度に変化を付けると良いでしょう。

逆に湿度が低い乾燥した状態が長く続くと脱皮不全や拒食になるなど、健康に悪影響となります。特に日本の冬場の乾燥は大敵なので、加湿器なども利用

Point!

■ケージ内の湿度管理

昼間の湿度：50～60%
夜間の湿度：70～80%

■湿度管理の方法

・部屋の湿度をエアコンの除湿機能や加湿器で管理
・シェルター周辺の土は常に適度に湿らせておく。他の場所は毎晩霧吹きで湿らせ、朝には乾くくらいが理想的

して部屋の湿度もコントロールするようにします。

湿度の管理方法

室内の湿度が著しく高い、または低いとケージ内の湿度もコントロールしにくくなるため、季節によってエアコンの除湿機能や加湿器で部屋の湿度も上下させると良いでしょう。具体的には、部屋の湿度を50～60%に保ちつつ夜間は霧吹きでケージ内の湿度を70～80%くらいに上げてやる方法が一般的です。

80%以上の高湿度でも空気の流れがあれば大丈夫

ですが、密閉したサウナのような状態になるのはいけません。ケージの蓋がメッシュタイプであれば、空気の流通が確保できるので便利です。

冬場は加湿器を複数台使ったり、ケージのそばに観葉植物を置いたりするだけでも湿度が上がります。また、ケージのメッシュ蓋の一部を板などで覆って乾燥を防ぐなど工夫をしましょう。

土を利用した湿度のコントロール

ケージ内の湿度を維持するのに有効なのが床材に土を利用する方法です。これは底床のページ（P33～34参照）でも詳しく解説しますが、ケージには底床材として園芸用の赤玉土を敷き、それを霧吹きで湿らせることで湿度をコントロールすることができます。

シェルターの周囲の土は常に適度に湿らせ、高めの湿度を維持します。ただし、床材がべちゃっとするほど過度に濡らし過ぎると、足のひらや指先がふやけたようになり、炎症などの原因になるので注意します。

ヒーターを敷いている部分は毎晩霧吹きで土の色が変わるくらいに湿らせてケージ内全体の湿度を上げ、朝には土が乾いている状態が理想的です。このような方法で、昼と夜で湿度に差を付けることができます。毎日温湿度計を確認し、湿度をコントロールしましょう。

底床の土を湿らせることで湿度を維持しやすくなります

湿度を上げるための霧吹きは、夜間に行ないます。スプレーなどを使って霧吹きしましょう

爬虫両生類用の「レプタイル加圧式スプレー」（カミハタ）

霧吹きの方法

霧吹きは爬虫両生類用や園芸用のスプレーなどが使い勝手が良く便利です。霧吹きに使う水は水道水で良く、夏は常温、冬は少しお湯を加えて室温と同じ25℃くらいにして使用しましょう。

霧吹きで底床の土やシェルターを湿らせる時は、

ヒョウモントカゲモドキに直接水がかからないように注意します。水がかかるとストレスになり、驚いて尾を自切する個体もいるからです。そこで霧吹きはシェルターに入っている時に行ない、外に出ている時は、ケージの壁面などに霧吹きするようにします。

ブリード国別初期飼育のポイント

「導入編」のP19でも紹介したように、購入した個体がどこでブリードされたかを知り、その個体に合った初期飼育をすることがヒョウモントカゲモドキの飼育では特に大切なポイントになります。

ブリードされた国やブリーダーのスタイルによって飼育スタイルは異なり、それぞれの個体が育った環境も異なります。そこで押さえておくべきポイントは、購入した個体が育った環境、例えば温度や湿度、そして餌の確認です。購入後それまでとは異なる環境で異なる餌を与えても個体によっては拒食し、環境に順応できずに調子を崩してしまうケースがあります。

そこで、ここではブリードされた国別に初期飼育のポイントを紹介します。それぞれの国の傾向を把握しておくと、対処がしやすいはずです。特にアメリカブリードの個体は、入手機会が多いものの初期飼育にてこずる人も多いため、ブリード個体の特徴と導入初期の飼育方法を把握しておくことが大切です。

● 国内ブリード個体の初期飼育

日本の環境に馴染んでいる個体が多いため、初心者でも初期飼育が難しくないのが国内ブリード個体の特徴です。国内ブリーダーの多くはコオロギを餌にしているため、餌を切り替える作業がいらない点も大きなメリットと言えるでしょう。

入手時に情報を得やすいのもメリットです。イベントなどでブリーダーから直接購入する際はブリーダーの飼育方法を聞いてみましょう。導入後しばらくはブリーダーのスタイルに沿って飼育し、徐々に自宅の環境に慣らしていくと良いと思います。ただし、いくら国産といっても購入後の大きな環境変化はストレスになるため、新しい環境には時間をかけて慣らします。

● EUブリード個体の初期飼育

EU各国のブリード環境は日本に似ているため、アメリカブリードに比べると初期飼育の苦労は少ないはずです。また、コオロギを与えているブリーダーが多く、餌の切り替えを必要としないという点でも国内ブリードと同じです。ただし、輸入直後の個体は輸送で調子を崩していないか、ショップでもしっかり餌を食べているかどうかを確認する必要があります。

● アメリカブリード個体の初期飼育

■アメリカブリード個体の特徴

現在最も多く流通しているのがアメリカブリードの個体です。入手しやすい価格や豊富なモルフ、また有名ブリーダーがリリースするモルフなど、多くのファンに支持されており、アメリカはヒョウモントカゲモドキの世界をリードする存在と言えます。そのため目にする機会が多く、初めて購入する個体がアメリカブリード、という人も多いかもしれません。

しかしながら入手しやすい反面、初心者には扱いが難しい面もあり、特に導入初期には注意深く飼育することが求められます。というのもアメリカでは常時高温の環境で飼育し、餌には高カロリーのミールワーム（日本で入手できるミールワームとジャイアントミールワームの中間サイズのもの）を与えているブリーダーが多く、輸入後間もない個体を低温で飼育すると調子を崩すケースがよく見られるからです。もちろん高温飼育していないブリーダーも存在します。購入の際には、どのように飼育されていたかを確認しましょう。

■日本の環境に慣らす理由

高温飼育された個体は高温飼育のままで飼い続ければ良いのではないか？　という考えもあるでしょう。高温で高カロリーの餌を与えて飼育するのは、早く成長させて短期間に出荷する、早く太らせてブリードに使用する、という目的があるからです。ミールワームは高カロリーですが消化が悪く、低温下ではうまく消化ができないため、ここにも高温飼育にする必然性があります。

高温下で常に代謝が上がった状態でカロリーの高い餌を与え続ければ……。はたして長生きできるかどうかは疑問です。いずれ内臓に負担がかかり体調を崩してしまうことも考えられます。ワイルド個体や、CB化されて間もない近縁のトカゲモドキの仲間を、そのような方法で飼育したところ、内臓疾患で死んでしまった例はあるようです。

ヒョウモントカゲモドキの場合は丈夫でCB化され

た歴史も古いため、ある程度は高温飼育にも順応していると考えられますが、ペットとして純粋に飼育を楽しむ目的であれば、あえて高温にして代謝を上げる飼育方法はおすすめしません。たとえ餌がコオロギでも高温下で毎日のように与え続けると、いずれ体調を崩してしまいます。

爬虫類は哺乳類と違い、本来はいかに代謝を抑えて生き延びるか、という生物です。その点を考えれば、やはり体を休めることができる25℃前後の場所がある環境で育てることが理想です。ヒョウモントカゲモドキに限らず爬虫類全般に言えることですが、1日、1年を通して上手に代謝に変化を付けさせることができるかが飼育のポイントになります。あえて原産地の環境とかけ離れた常時高温飼育をしなくても、日本の四季に沿った飼育環境であれば健康な個体に育てることができるのです。

■アメリカブリード個体の初期飼育と日本の環境への順化方法

高温で飼育された個体を日本の環境に慣らすには、入手後は高温で飼育をスタートします。餌はすぐにコオロギを食べることは少ないので、まずはジャイアントミールワーム（ジャイミル）を与えるようにします。温度は30〜32℃を維持し、30℃以下にならないようにするのがポイント。個体によっては26℃で弱ってしまい、

餌を食べなくなってしまうこともあるので要注意です。

常に高温を維持しつつ、徐々に温度を下げて日本の環境に慣らすようにしますが、1年以上かかることもあります。アメリカブリードの個体はこのような日本での飼育環境への順化作業が必要になることを踏まえて入手しましょう。

■餌の切り替え

餌にコオロギをおすすめするのは栄養のバランスが良く、入手しやすくコストがあまりかからないからです。ジャイミルも入手は容易ですが脂肪分が多く太りやすいため、コオロギに切り替えたいところです。ただし先にも書いたように、一度慣れてしまった餌以外は受け付けない個体が多く、餌の切り替えは時間と根気を必要とします。

まずは餌をしばらく抜いて空腹にしてからコオロギを与えてみます。反応すればしめたものですが、反応しない個体も多いと思います。その場合はジャイミルを潰し、その体液をコオロギに塗ってから与えてみましょう。ジャイミルの匂いにつられて食べることがあります。それでも拒否する個体もいますが、根気強く続けてみましょう。

必要な器材

　ヒョウモントカゲモドキを飼育する際に必要となる器材を紹介していきます。いたってシンプルで、取扱いの簡単な器材で飼育が可能です。爬虫類用として販売されているものが便利で使いやすくおすすめです

ヒョウモントカゲモドキの基本的な飼育セット例。このような器材を揃えれば飼育をスタートできます。写真はケージ内の器材が見やすいようメッシュの上蓋を外し、前面の扉を開放した状態

● ケージ
ヒョウモントカゲモドキが暮らしやすいサイズで脱走できず、空気がこもらない構造のものを使用します

● 温湿度計
温度と湿度の管理は特に重要なため、温湿度計は大切なアイテムとなります

● 底床材
保湿効果に優れ、誤飲しても排出しやすい赤玉土を使用しましょう

必ず揃えたい飼育器材

● 保温器具
ケージの底部から暖められる爬虫類飼育専用のヒーターを使用しましょう

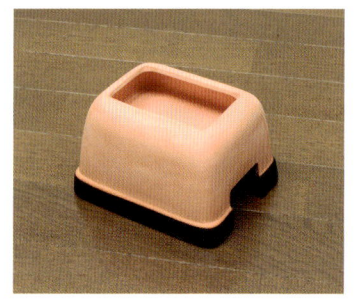

● シェルター＆水入れ容器
シェルターは隠れ家、休息場となります。水分補給や湿度の保持に役立つ水入れも設置しましょう

● ピンセット
給餌の際やゴミ、フンの除去など多目的に使えるピンセット。用途別に揃えるのがおすすめです

ケージと蓋

ケージは爬虫類専用のものやプラケースなどを利用します。爬虫類専用のものはプレートヒーターを敷きやすい構造になっているものもあり便利です。

ケージ選びでポイントになるのが個体のサイズに合っているか、また脱走を防止できる構造であるかということ。昼間はシェルターの中で休んでいることが多いですが、夜間はけっこう動き回るため、ある程度の広さはあったほうが良いでしょう。

ケージの幅は全長の2倍以上が理想ですが、それより短くても問題ありません。ただしシェルターや水入れを置ける広さは必要です。家庭での飼育ならケージの幅は30〜60cmくらいが一般的でしょう。

また、ケージの高さは脱走できないように全長の2倍あるものが理想です。シェルターに登って脱走する

■ ケージ選びのポイント

● 脱走を防止できる高さがあるもの、または蓋がしっかり閉まる構造のもの
● メッシュタイプの蓋を装着できるもの

Point!

こともあるので、高さが低いケージはしっかりと蓋ができることが重要。蓋の扉から脱出する場合もあるのでしっかりとロックしましょう。さらに空気の流通を確保するため、メッシュタイプの蓋を装着できるかどうかもポイントになります。

これらの条件を満たしていれば素材はガラスやプラスチック、アクリルなど、いずれも使用できます。衣装ケースなども利用可能ですが、蓋に小さな空気穴をたくさんあけたり蓋を金網にしたりと、ひと手間加えることが必要となります。

● ケージの置き場所

屋外は温度や湿度のコントロールが難しいので飼育には向きません。必ず室内で飼育しましょう。ケージを置く場所は室内の直射日光が当たらない場所、温度変化が少ない場所、明るすぎず夜間にしっかりと暗くなる場所、騒音の少ない静かな場所が理想的です。直射日光が当たり、なおかつ冬場は冷える窓際などは向きません。また、低い場所は落ち着かずにストレスになることもあるので、台の上などやや高い場所に設置します。

夜行性のヒョウモントカゲモドキは、昼夜を規則的に感じることで生活のリズムができます。夜更かしすることが多い場合は通気性のある布でケージを覆ったり、棚自体を覆ったりして暗くしましょう。ケージを厚い布などで覆うと空気の流れがなくなり、ケージ内が高温と蒸れでサウナ状態になるので注意します。

● 蓋

ケージの蓋は通気を確保するため、メッシュタイプのものを利用します。爬虫類専用のケージは蓋がメッシュタイプになっているものも多いので便利です。

観賞魚用のガラスやプラスチックの蓋ではケージ内の通気が悪くなり、異常に高温になる場合もあるので使用は控えます。また、ケージと蓋を別々に用意する場合は市販の金属製のメッシュタイプの蓋や、バーベキュー用の金網なども利用できます。ただし、自分で組み合わせる場合は蓋がずれて脱走しないよう、しっかりと固定することが特に大切です。

▶ ハーブネット
（スドー）
爬虫類、両生類用ケージのスチール製ネット。水槽にかぶせるだけで簡単にセットできる

▲ 爬虫類用ケージは蓋がメッシュになっているものを選択します。写真は「グラステラリウム3030」（ジェックス）に標準装備されているメッシュタイプの蓋

▲ グラステラリウム4530（ジェックス）
飼育に便利な機能性、デザイン性にも優れた爬虫類・両生類飼育用ケージ

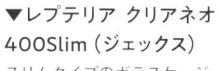
▼ レプテリア クリアネオ400Slim（ジェックス）
スリムタイプのガラスケージ。通気性に優れ、パネルヒーターが設置しやすい底上形状

▲ ハーブタイルガーデン3020（カミハタ）
トップカバーは前後両方向に開閉可能で取り外しも容易。頑丈な金属トップメッシュ

◀ フォーダブル レプタイルガーデン 6045（シルバー）（カミハタ）
正面はフレームレスのスライドドアで、生体の視認性や外観の美しさを追求。全面に強化ガラス採用

保温器具と温湿度計

保温器具はケージの下に敷くタイプのプレートヒーターや、ケーブルタイプなどが利用できますが、プレートタイプが一般的で使い勝手が良くおすすめです。他の爬虫類を飼育する際に使用される保温球や、紫外線ランプはヒョウモントカゲモドキには必要ありません。

プレートヒーターは板状で、電源を入れると加熱する仕組みになっています。ヒーターはケージの下に敷き底床からケージ内を温めるのに有効です。ヒョウモントカゲモドキの飼育では底床の一部分をヒーターで保温するため、底床全体をカバーするサイズは必要ありません。

各メーカーから様々なタイプが発売されているので、ケージに適したサイズを使用しましょう。また、サーモスタット付きのタイプや、別売りのサーモスタットと組み合わせて使用しても良く、これは飼育者のスタイルに合わせて選択すれば良いと思います。

ヒーターでの加温は、夏場は必要ないと思われがちですが、部屋全体をエアコンで25℃前後に維持した場合、30℃前後の場所を作るにはヒーターでの加温が必要になります。通年ヒーターは使用するため必ず用意しておきましょう。

● ヒーター使用時の注意点

ヒーター部分はかなり温かくなり低温火傷の危険があります。特に底床に新聞紙やキッチンペーパーなどを敷いた場合、ヒョウモントカゲモドキがそれらの下に潜ることがよくあり、気付かないうちにヒーターに近接してしまい、低温火傷になってしまうケースが見られます。これを防ぐには底床には紙を使用せず、土を利用するのが有効です。

● 温湿度計について

温度や湿度を知るために必ず設置します。温度計と湿度計が一体になっているものもあるので、ケージのサイズや好みに応じて選べば問題ありません。ただし、あまりに安価なものは正確な計測ができない、壊れやすいといった傾向があります。温湿度計は飼育環境を知るうえでとても重要な器具です。多少値は張っても爬虫類専用のものが信頼性が高くおすすめです。

設置に関しての注意点は温湿度計を取り付ける位置です。ヒョウモントカゲモドキが主に活動する場所は底床付近ですから、温湿度計も低い位置に設置しなければ意味がありません。また、温湿度計はシェルターの近くと、ヒーターの上方それぞれに設置して、温度や湿度に差ができているかを毎日チェックすることも大切です。

ヒーターはケージの底面に敷くプレートタイプが使いやすくおすすめです。写真は「レプタイルヒートS」（ジェックス）

◀ レプタイルヒート（ジェックス）
耐久性に優れ熱効率を高める6層構造の自己温度制御式パネルヒーター

▶ タイマーサーモ RTT-1（ジェックス）
温度や照明をコントロールできるタイマーサーモ。制御温度範囲 15～40℃

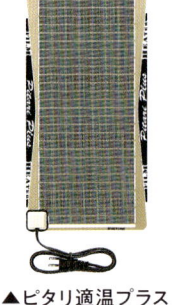

▲ ピタリ適温プラス（レップジャパン）
自己温度制御機能や多重安全装置を搭載したフィルムヒーター。「1号」～「4号」まで4サイズあり

▲ コードレスデジタル温湿度計（ジェックス）
温度と湿度を同時に計測できる便利な温湿度計

▲ デジタル温湿度計（カミハタ）
レイアウトの邪魔にならないコンパクトサイズのデジタル温湿度計

底床

　底床は飼育時の湿度にも影響を与えるため、適切なものを使用します。本来の自生地では岩などの下の土を掘って穴を作り、その中で暮らしています。土を掘りやすい形をした彼らの指を見れば、何が床材に適しているか想像がつくはずです。

　そこで床材には土を使用します。園芸用に販売されている赤玉土が扱いやすく、また入手しやすくおすすめです。土の利点は「保湿効果がある」「誤飲しても体外に排出しやすい」、また「土を掘ることでストレスの軽減が期待できる」ということです。粒サイズは小粒で問題ありません。また、「デザートソイル」（ジェックス）のような、土を加工した爬虫類専用のソイルも発売されており、それらの床材を使用するのも良いでしょう。

　床材を紙から土に変えるとヒョウモントカゲモドキの状態が好転することがよくありますが、逆に土から紙に変えると調子を崩すことが多いようです。初めて飼育する人はもちろん、今まで紙を使っていた人にも土での飼育をおすすめします。

　なお、赤玉土やソイルの利用方法については次ページで紹介しますので参照してください。

■ 底床のポイント
- ●底床には湿度を維持しやすい赤玉土やソイルを使用
- ●土は誤飲しても体内に溜まりにくく、体外に排出されやすい優れもの
- ●土を掘ることでストレス軽減

Point!

赤玉土は通常は乾燥していますが、水で湿らせることで湿度の調整ができます。写真は左半分が湿らせた状態、右が乾燥した状態

● 土以外の底床材について

　キッチンペーパーは継続的な使用には向きませんが、ケガをした個体のケアには利用できます。赤玉土の上にキッチンペーパーをはがれないよう覆い被せるように厚めに敷き、こまめに取り替えます。底が土のため湿度をある程度維持でき、特に手足に傷がある場合は、土を掘って傷を悪化させるのを防ぐのに有効です。

　ペットシーツは水分を吸収してしまうので使用は控えましょう。新聞紙やキッチンペーパー、ペットシーツなどは扱いが楽で清潔感がありますが、これは飼育者の都合であり、ヒョウモントカゲモドキのことを考えた選択ではないのです。

　もちろん砂も底床には適していません。本来砂丘のような砂地には生息していませんし、誤飲した際に体内に溜まり死亡の原因になることもあるので使用は控えましょう。

底床を掘るヒョウモントカゲモドキ。赤玉土やソイルは掘りやすく、自分で好みの環境にする様子が観察できます。ストレス解消にもなると考えられます（撮影協力／ P&LUXE）

● 赤玉土とソイルの利用方法

　赤玉土は厚さ3〜5cmに敷き詰めます。それ以上厚く敷くとヒーターの熱が届きにくくなりますが、ヒョウモントカゲモドキが自分で土を掘り、適温になるように厚さを調節する様子が見られることもあります。

　底床は清潔を保つことが大切です。フンを放置するとカビたり雑菌が繁殖しやすく病気の発生につながる危険性もあるため、見つけたら早めに取り出します。

　それでも底床はフンや尿で徐々に汚れていき、また、赤玉土は長く使用していると粒が崩れて詰まってしまいます。そこで、1〜数ヵ月に一度を目安に底床を全て交換することをおすすめします。赤玉土は安価で販売されており、すべて交換してもコスト的に大きな負担になることはないはずです。「デザートソイル」などの爬虫類専用ソイルも扱いは赤玉土と同様です。洗わずに使用して、定期的に交換しましょう。

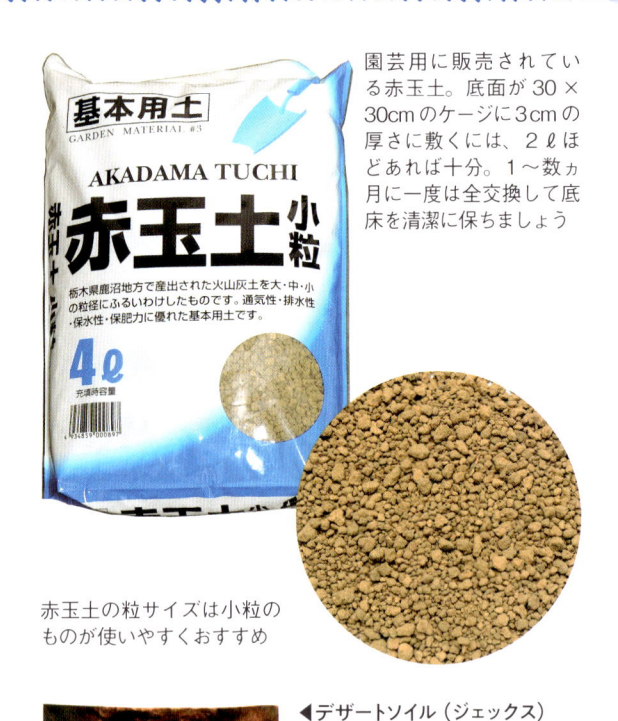

園芸用に販売されている赤玉土。底面が30×30cmのケージに3cmの厚さに敷くには、2ℓほどあれば十分。1〜数ヵ月に一度は全交換して底床を清潔に保ちましょう

赤玉土の粒サイズは小粒のものが使いやすくおすすめ

◀デザートソイル（ジェックス）
100％天然の土を固めたソイル。霧吹きで水分を保持しやすく、過剰な乾燥を防ぎます

「デザートソイル」は小粒のブラウンカラー。多孔質構造で排泄物の臭いを吸着し、ケージ内の臭いを抑える効果も期待できます

赤玉土やソイルは厚さ3〜5cmほど敷き詰めます

フンは決まった場所にする個体が多いようです。写真は放置したためにカビが生えたフン。雑菌が増殖する原因となるので、見つけたら早めに取り除きましょう

シェルターと水入れ容器

シェルターの役割と選び方

シェルターはヒョウモントカゲモドキが隠れる場所、体を休める場所として必要です。爬虫類用のシェルターが各メーカーから発売されているので、ヒョウモントカゲモドキが入れるサイズのものを使用しましょう。おすすめは上部に水を溜められるタイプのシェルターで、隠れ家になるだけでなく湿度を維持することができる利点があります。

上級者やプロブリーダーなどは素焼きの鉢を割るなど加工してシェルターを自作することも多いですが、慣れないとなかなか難しく、鉢の破片でケガをすることもあるためおすすめしません。

■ シェルターと水入れ容器のポイント

● シェルターは上部に水を溜められる爬虫類専用のものがおすすめ
● 水入れ容器は溺れない浅いものを使用

Point!

また、鉢底には通常水抜きのための穴が開いていますが、鉢を伏せて使用する際、ヒョウモントカゲモドキがその穴から出ようとして出られずに体を詰まらせてしまうことがあります。もし植木鉢を加工してシェルターにする場合は、鉢底の穴はガムテープなどでふさいでおくようにします。

いずれにしても植木鉢よりは市販のシェルターのほうが便利で見栄えも良いと思われるので、専用のものを使用することをおすすめします。

水入れ容器の利用方法

ヒョウモントカゲモドキは頻繁に水を飲むことはありませんが、それでも容器に水を入れておき、いつでも飲水できるようにしておきます。飲水以外にも湿度を上げる効果も期待できます。

容器は溺れる危険がない浅いものを選ぶことが大切です。特にベビーの時は深い容器で溺れる危険があるため要注意です。各メーカーから爬虫類用の浅い水入れ容器が販売されているので、それを利用すると良いでしょう。

シェルターは好みのものを選んで問題ありません。写真はシェルターの上部に水を溜めて湿度が維持できる「ウェットシェルター」（スドー）

水入れ容器はヒーターの上に設置すると湿度を維持するのにも役立ちます。水は毎日取り換えましょう。写真は「レプティボウル2MF」（スドー）

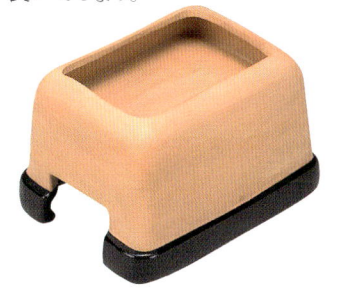

▶レプタイルケイブ（ジェックス）
爬虫類・両生類の隠れ家や睡眠場所にも適したシェルター

▶レプティシェルター（ZOO MED JAPAN）
上蓋を開けることができる、爬虫類用シェルター

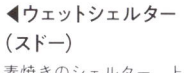

◀ウェットシェルター（スドー）
素焼きのシェルター。上部に水を溜めるだけで中は理想的な高湿度スポットに

▶モイストシェルターコーナー160（ジェックス）
ケージのコーナーに設置できるシェルター。上部に水を入れれば湿度の維持にも役立つ

◀ウォーターディッシュM（ジェックス）
自然の岩をイメージした水飲み皿。内側には小さな生体が溺れるのを防ぐ安全ステップ付き

35

飼育に便利なグッズ

● 使用機会の多いピンセット

ピンセットには金属製と木製があります。木製はヒョウモントカゲモドキがピンセットに噛み付いてきても口内や顔などを傷付けにくく、給餌に向いています。金属製はフンを除去したり餌のコオロギの足や触角を取り除いたり、頭を潰すなどの処理に向いています。

そこで餌の下処理用の金属製ピンセット、給餌用の木製ピンセット、フンの除去用の金属製ピンセットと、3種類ほど用意しておくと重宝するでしょう。

● 霧吹き用スプレー、洗浄瓶、水差し

ケージ内を湿らせるためのスプレーは必需品です。また、底床を湿らせる時に便利なのが洗浄瓶や水差しです。洗浄瓶は理科の実験などで使われる、ストローの付いたボトルです。勢いよく注水できるので底床を湿らせるのに便利です。大きなホームセンターや、一部爬虫類ショップなどで販売されています。水差しは園芸用のもので、これも底床を湿らせたり水入れ容器に注水したりするのに便利です。

水差し

洗浄瓶

▲レプタイル加圧式スプレー（カミハタ）
ピンポイントに噴射できるようロングノーズが付属された、爬虫両生類用の加圧式スプレー

◀セーフティピンセット バンブー（ジェックス）
給餌におすすめの竹製のピンセット。軽量で扱いやすい。長さ約28cm

▶セーフティピンセット ステンレス（ジェックス）
飼育時の様々な用途に便利なステンレス製のピンセット。長さ約30cm

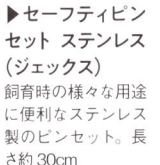

給餌用のピンセットは個体を傷付けにくい木製のものがおすすめ

● レイアウトについて

ケージ内のスペースに余裕がある場合は、流木や岩などを適度に配置してレイアウトするのも良いでしょう。ただし、過剰な装飾やライティングはストレスになることもあるので注意します。特に複雑にレイアウトを施したケージ内に餌の昆虫を放すと、グッズの影やすき間に逃げ込んで捕食できなくなることがよくあるので注意しましょう。

● 除菌・消臭剤

ヒョウモントカゲモドキのフン尿はけっこう臭いが強く、底床に染みついてしまうこともあります。また、フン尿から雑菌が増殖することも考えられるため、底床は常に清潔に保つ必要があります。こまめな掃除や底床材の交換の他、爬虫類飼育専用の除菌・消臭剤を使用して除菌するのも方法です。

◀ジクラ 万能除菌・消臭剤（ジクラ）
爬虫類のケージや底床の除菌、消臭に便利。コオロギの飼育ケースにも（200ml）

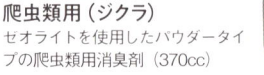

▶ジクラ 万能消臭パウダー 爬虫類用（ジクラ）
ゼオライトを使用したパウダータイプの爬虫類用消臭剤（370cc）

餌について

まずはスタンダードな餌である餌用の昆虫について、与え方やキープ方法を解説します。自分の飼育スタイルに合った餌を選択すれば良いですが、餌を選り好みする個体がいたりコストがかかったりするものもあるので、いろいろな要素を考えて決定してください。また、最近は栄養バランスを考慮した人工飼料も販売されており、これらも含めて餌について紹介します

■ 餌の選び方と給餌のポイント
● 餌は生き餌をメインで
● 給餌の回数や量は成長ステージによって変化
● モルフによって給餌方法を変える
● 必要な栄養素はサプリメントで補う

Point!

ヒョウモントカゲモドキは昆虫食性。餌用に販売されているコオロギなどの昆虫を与えることが基本です

食性と餌の種類

ヒョウモントカゲモドキの生態に関するページ（P10）でも解説しましたが、食性は昆虫食です。自然下では甲虫などの昆虫を捕食しているため、飼育下では爬虫類用に養殖された昆虫類を与えます。コオロギなどの生きている虫が一般的ですが、慣らせば乾燥飼料や冷凍飼料なども食べるようになります。

餌用の昆虫は多くのペットショップで扱っており入手は容易です。忙しくて餌を買いに行けない人、ショップから遠方に住んでいる人は、通信販売を利用するのも方法です。いずれにしろ生き餌は給餌のタイミングを見計らって事前に用意するか、常にストックしておき、いつでも与えられるようにしておくことが大切です。

なお、餌の昆虫類は必ず餌用に養殖されたものを使用します。野外で採集したものには農薬の付着や、寄生虫がいることも考えられるので与えてはいけません。

また、専用の人工飼料も販売されているので、上手に利用して餌のバリエーションを豊富にするのも良いかもしれません。

給餌のスタイル

餌はピンセットで直接与えるか、ケージ内に生きている昆虫を放し自由に捕食させます。購入する際にどのように給餌していたかを確認すると良いでしょう。放し餌に慣れている場合、なかなかピンセットから餌を食べようとしない個体もいます。いろいろ試してみて、その個体に合った給餌方法を選択します。

与える餌のサイズは成長ステージによって変えることも必要です。ベビーにはSサイズのコオロギ、アダルトにはLサイズにすることで効率良く給餌することができます（詳細は成長ステージ別飼育方法P50〜53を参照）。

また、アルビノやエクリプスなどのモルフは視力が弱く、餌を捕食しづらい傾向があります。放し餌ではなかなか捕食できない場合はピンセットでの給餌に慣らすようにします。アルビノでもケージが小さめならば端に追い詰めて食べる個体もいるので、放し餌にしたい場合は空腹時に試してみるのも良いかもしれません。

● 餌の回数と量、時間帯

餌を与える回数や量は成長ステージによって変化します。ベビーやヤングの時は急激に成長するために、とにかく食欲旺盛で、かつ食いだめができないため、ほぼ毎日、食べるだけ給餌することが必要です。サブアダルトやアダルトになると体ができあがり、食いだめができるようになるため、数日～1週間に一度の給餌で飼育できるようになります（詳細は成長ステージ別飼育方法 P50 ～ 53 を参照）。

餌を与える時間帯ですが、ピンセットで与える場合は昼夜あまり関係なく与えることができます。放し餌の場合は、ヒョウモントカゲモドキが活発に活動する夜間のほうが良いでしょう。部屋の消灯前に餌を放しておけば、夜間のうちに捕食しているはずです。

ただし、給餌後に気温が下がると消化ができなくなり、体調を崩すことがあるので、温度が下がる環境で飼育している場合は、低温時の給餌は避けるようにします。

● ピンセット給餌のポイント

ピンセットで直接給餌する際は、ヒョウモントカゲモドキを傷付けにくい木製のピンセットの使用がおすすめです。昆虫を1匹ずつ与えると、どのくらいの量を食べるか把握しやすく体調の管理もしやすくなるはずです。また、ピンセットでの給餌に慣れると乾燥飼料や冷凍飼料、人工飼料などへの切り替えも楽になります。

ピンセットでの給餌は飼育者にとって楽しいだけでなく、食欲や体調を確認するのにも好都合です

給餌で使用するなら生体を傷付けにくい竹製のピンセットがおすすめ。写真は「セーフティピンセット バンブー」（ジェックス）

竹製のピンセットを使って人工飼料を給餌

● 放し餌のポイント

放し餌の場合は餌を見付けて跳び付くなど、野性味あふれる本来の捕食シーンを見ることができるでしょう。ただし元気なコオロギをケージ内に放すとグッズの陰に逃げ込んだり、跳ねて逃げ回ったりすることもよくあります。確実に給餌させる場合は、跳ねないように後ろ足を取るか折ってから放すようにします。

放し餌での給餌はヒョウモントカゲモドキの野性的な面が見られます

コオロギの種類

餌用のコオロギにはフタホシコオロギとヨーロッパイエコオロギの2種類が知られています。いずれも栄養バランスが良く入手が容易、他の餌に比べて安価でコスト的にも優れている餌と言えるでしょう。それぞれの特徴を挙げておきます。

● フタホシコオロギ

黒褐色の体で羽の付け根には大きな白斑があるのが特徴。「フタホシ」の略称で呼ばれることもあります。ヨーロッパイエコオロギに比べて大きくボリュームがあるので、餌を与える回数が少なくて済みます。SSサイズの幼虫からLサイズまで各種販売されており、ヒョウモントカゲモドキの飼育では、S〜Lサイズを使用する機会が多くなります。

栄養バランスが良く入手しやすいコオロギは、ヒョウモントカゲモドにとっても良い餌です。写真はヨーロッパイエコオロギ

フタホシのSサイズ

フタホシのMサイズ

フタホシのLサイズ

● ヨーロッパイエコオロギ

フタホシよりも小さく灰褐色をしています。「ハウスクリケット」や「イエコ」の名で呼ばれることもあります。近年ではフタホシよりも流通量が多く、こちらをメインで与える飼育者も多いと思います。ヒョウモントカゲモドキの飼育ではM〜Lサイズを使用することが多く、フタホシよりも小さいため給餌の回数は多くなります。

イエコはフタホシに比べると小さく、灰褐色をしています（生体提供／月夜野ファーム）

コオロギの与え方

　コオロギは与える際に下処理をします。捕食時に触角が目に触れることを嫌がる個体が多く、若い時に嫌な思いをするとコオロギ自体を拒否してしまうこともあるほどです。また、ベビーやヤングの時は元気なコオロギを放し餌にすると体に噛み付くことがあり、それもトラウマになってしまい、コオロギを恐れてしまう個体も出てきます。

　そこで、まだ個体が若い時には、コオロギの触角を取り除き、ピンセットなどで頭を潰し、さらに硬い後ろ足を取り除くなどの下処理をしましょう（詳細は成長ステージ別飼育方法 P50 ～ 53 を参照）。下処理をした後にカルシウム剤などをまぶしてから給餌します。

コオロギのピンセット給餌

触角と後ろ足を取り除き、カルシウム剤をまぶしたコオロギ。アダルトへの給餌の場合は、頭は潰さず、後ろ足も付けたままでも問題ありません

竹製ピンセットを使用し下処理したコオロギを給餌。餌に気付かない時は、小刻みに揺すってやると興味を引きやすくなります

コオロギを発見するとジーっと見つめて、食い付くタイミングを計ります

バクっ！　けっこう噛む力が強いのがわかるはずです

ムシャムシャとおいしそうに食べると、満足そうな表情を見せます。まだ食べたいときは、ピンセットの動きに反応するので、再度下処理したコオロギを与えましょう

コオロギのキープ方法

餌を定期的に購入できない場合や食欲旺盛な成長期などは、コオロギを一定数ストックして常に給餌できるようにしておくことが必要になります。購入後のコオロギには水や餌を与えることが必要で、何もしなければ弱って死んでしまいます。また、死なないまでも餌を与えないと栄養価が低くなり、ヒョウモントカゲモドキにとっても良い餌とはなりません。

コオロギを飼育するにはプラケースや衣装ケースなどの大きめの容器に、必ず隠れ家となるシェルターを入れます。新聞紙なども利用できますが、汚れやすく濡れると破れるなど、シェルターの役割としては今ひとつです。よく利用されているのは紙製の卵パックで、園芸用の紙製の鉢を伏せて使用しても良いでしょう。シェルターは複数を組み合わせるとコオロギも落ち着きやすいようです。

飼育ケースを置く場所はヒョウモントカゲモドキを管理している部屋で良く、30℃以上の高温にならない直射日光の当たらない場所が適しています。高温多湿の蒸れに弱いですが、ある程度の湿度は必要です。カラカラに乾燥しているとポツリポツリと死ぬことがあるため定期的に霧吹きをし、水で湿らせたキッチンペーパーを置いて常に給水できるようにします。

コオロギの餌は穀物類を主体とした専用のものが販売されています。また、ニンジンやカボチャなどを薄くスライスして与えるとコオロギの栄養価が高くなります。コオロギ同士で共食いをすることがありますが、防止するにはペットのおやつ用の煮干しや、かつお節などを与えるのも方法です。

コオロギはよく食べフンも多いため、ケージ内が汚れやすく臭いがきつくなります。汚れたままにしておくとコオロギの体調が悪くなって病気が出たり、ケージ内にダニが発生したりすることもあるので、定期的に掃除をして清潔に保ちます。ケースの底に新聞紙を敷いて、定期的に取り換えるのも有効です。

また、コオロギに無害な専用の除菌・消臭剤も発売されているので、これを定期的に散布するのも良いかもしれません。

■コオロギをキープする際のポイント
● 大きめの容器に必ずシェルターを設置
● 高温は避け、適度な湿度で飼育
● 餌は専用のフード、ニンジンやカボチャがおすすめ
● ケースは定期的に清掃して清潔に保つ

Point!

ガットローディングについて

餌に栄養剤などを混ぜて育てたコオロギをヒョウモントカゲモドキに与えることで、間接的に栄養を摂取させることをガットローディング(Gut loading)と言います。対して餌に直接栄養剤を振りかけて与えることをダスティング(Dusting)と言います。

コオロギの餌には爬虫類の成長に必要なカルシウムやビタミン類が混ぜられているものもあり、このような餌を与えてからヒョウモントカゲモドキに給餌すれば、必要な栄養素を摂取させることができます。栄養価の高い野菜を与えたコオロギを給餌するのも同じような効果が期待できます。

ちなみにサプリメント入りのコオロギの餌ですが、カルシウムが入っていない場合はカルシウムパウダーをダスティングして与えるようにします。

野菜や専用フードに群がるフタホシコオロギ。コオロギにもしっかりと餌や水分を与えて栄養価を高めましょう

コオロギのキープ例

ここではプラケースを利用した一般的なコオロギのキープ例を紹介します。ヒョウモントカゲモドキの個体数が多い時はケースを増やしたり、より大きな衣装ケースなどを使用したりするのも良いでしょう。ケースを複数用意し、清掃の際にローテーションで使用するのもおすすめです。

（コオロギ生体、フード、サプリメント、飼育器材提供／月夜野ファーム）

シェルター用卵パック

紙製の卵パックは、コオロギ用のシェルターの定番。飼育ケースに入るようにカットし、複数を重ねると良いシェルターになります。餌が不足すると卵パックをかじることも

コオロギの餌＆サプリメント

コオロギに栄養価の高い餌を与えることで、ヒョウモントカゲモドキの健康維持にも役立ちます。爬虫類の飼育に適した専用フードがおすすめ。写真下右は主食となる「コオロギフード（50g）」。下左はコオロギ用のサプリメント「KUWASUI」。コオロギに必要な水分とミネラル等の栄養分の補給ができます。餌やサプリメントは、トレーなどに入れて設置しましょう

飼育ケース

ケースの大きさは幅約33cm×奥行き約20cm×高さ約25cm。このケースでLサイズのフタホシを50匹超は問題なくキープできます。ただし、キープ数が多い時は餌食いが早いので、餌不足にならないよう、こまめに給餌すること。狭いケースでの飼育や餌不足になると共食いすることもあります

コオロギへの水やり

ケース内に霧吹きをするのも方法ですが、汚れが目立ったり、臭いがきつくなることがあります。そこで効率良く給水させるには、湿らせたキッチンペーパーを入れてあげると良いでしょう。ただし汚れやすいので、こまめに取り換えるようにします

野菜類

栄養価に優れ、かつ与えやすい野菜はニンジンやカボチャです。食べやすいように、ピーラーなどで薄くスライスして与えると良いでしょう。水分の多い葉物野菜は、高温時に食べ残しを放置すると、その水分でケース内が蒸れてコオロギが死ぬこともあるので注意します

その他の餌

コオロギの他にもヒョウモントカゲモドキの餌として利用できる昆虫類を紹介します。それぞれに栄養価や価格に差があるため、特徴をよく把握して実際に利用するかどうか決定しましょう。

● ジャイアントミールワーム

ジャイミルの通称名で呼ばれるゴミムシダマシ科の甲虫の幼虫で、通常のミールワームよりもだいぶ大きいのが特徴です。海外のブリーダーなどではメインで給餌することもありますが、脂肪分が多くカロリーが高いため、一般に飼育する場合は補助的な餌として考えると良いと思います。ガットローディングで栄養バランスを改善する方法もありますが、一般的ではなく手間もかかるため、与えるならおやつ程度にしておきましょう。

ジャイミルに慣れている個体を購入した後はコオロギへの切り替えが必要ですが、すぐにコオロギに餌付かないことも多く、徐々に切り替えていくようにします（切り替え方法の詳細はP29を参照）。

ジャイアントミールワーム。イモムシのような姿ですが、体表は硬くツルツルしています

● シルクワームとハニーワーム

シルクワームはカイコの幼虫で低タンパク、高カルシウムと優れた餌です。シルクワーム専用のフードが発売されているため容易にキープできます。また、同じワーム類では栄養価に優れるハニーワーム（蛾の幼虫）も流通しています。これらの餌は栄養面、嗜好性ともに良い餌ですが、コオロギなどに比べるとまだまだ高価でコストはかかります。

シルクワーム。体は軟らかく、いかにもおいしそう!? 一度その味に慣れると、なかなかコオロギに戻せなくなるので心して与えましょう

● ローチ類

餌用のゴキブリとしてはデュビアやレッドローチなどが知られています。デュビアはアルゼンチンフォレストローチという、本来は森林に生息するアルゼンチン産のゴキブリで、成虫になると全長5cmを超える大型種です。栄養バランスが良く、近年流通量が多くなり入手しやすくなりました。コオロギよりも丈夫でキープしやすく、また鳴かないので重宝されることが多いようです。ただしローチ類は逃げ足が速く、デュビアは底床に潜ってしまうため放し餌にはせず、ピンセットなどで直接与えるようにします。

爬虫類の餌として注目されているデュビア。ヒョウモントカゲモドキの餌には写真のような幼虫が適しています（生体提供／デュビアジャパン）

給水について

ヒョウモントカゲモドは水分を餌から得ているため、あえて水を飲むことはあまりありませんが、念のためいつも水入れ容器に水を張っておきます。容器が浅いため毎日蒸発すると思いますが、蒸発していない場合は新鮮な水と交換します。

また、毎晩行なう霧吹きの際にケージの壁面を濡らしておくと、水滴を舐めることがあります。ちなみに水は25℃くらいの常温で与えるようにします。

サプリメントで栄養素を補う

　給餌の際には昆虫にカルシウム剤などの粉をまぶしてから与えることが一般的です。先にも書いたダスティングです。これは不足しがちな栄養素を補うための方法で、サプリメントは各メーカーから爬虫類専用のものが発売されています。カルシウム剤を基本とし、ビタミン類や各種ミネラルが追加されたものもあります。特にカルシウムが不足するとクル病（P128 参照）の原因にもなるので使用をおすすめします。

　カップやビニール袋などにサプリメントの粉を少量入れ、昆虫を投入してシェイクすればまんべんなく粉を付着させることができます。

　たいていのサプリメントは白いため昆虫も白い姿になりますが、若いころから白い姿の昆虫を食べ続けた個体は、白くない餌には反応しなくなることがあります。しかし、それは体調を崩しているわけではなく、単に餌として認識していないということ。焦って病気を疑う前に、ダスティングした白い昆虫を与えてみましょう。

カップなどの容器にサプリメントの粉とコオロギなどの餌を入れてシェイクすれば、簡単にダスティングできます。写真では爬虫類用の「カルシウム」（ジェックス）を使用

乾燥飼料と冷凍飼料

　爬虫類の餌用に乾燥したコオロギや冷凍したものも発売されています。ピンセットでの給餌に慣れている個体なら、若い時から慣らすことで生き餌と同様に食べるようになります。冷凍コオロギは家庭の冷凍庫で簡単に作ることができます。長期保存も可能ですから、忙しくて生き餌を購入できない人には便利だと思います。冷凍コオロギは給餌の前に常温で解凍しておくのがポイントで、これも慣らせばよく食べてくれるはずです。

　乾燥コオロギはそのまま直接与えるか、ぬるま湯に5〜10分ほど浸して柔らかくふやかしてから与えます（水でふやかす場合は10分以上）。個体により差はありますが、ふやかして与えた方が嗜好性は良くなります。ただし、乾燥飼料も冷凍飼料も個体によってはまったく食べないこともあるため、その場合は潔く生きた昆虫を与えるようにしましょう。

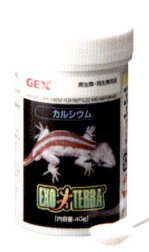

▲カルシウム（ジェックス）
骨の形成や発達に必要な爬虫類用のカルシウム剤(40g)

▶マルチビタミン（ジェックス）
爬虫類に必要なビタミンやミネラルを10種類以上含有（30g）

▶レプティバイト（ZOO MED JAPAN）
ミネラル、アミノ酸を含んだプロ仕様のビタミン剤（56.7g）

◀レプティカルシウム（ZOO MED JAPAN）
クル病を防ぐための爬虫類用カルシウム剤（85g、227g）

▶ヒョウモントカゲモドキフード（ZOO MED JAPAN）
餌用のハエに各種ビタミンやサプリメントを添加（11.3g）

◀冷凍コオロギ【フタホシ】（月夜野ファーム）
新鮮な餌を与えた栄養満点のコオロギを−40℃で急速冷凍

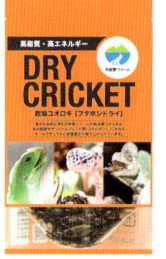
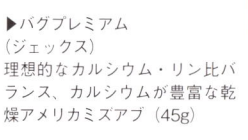

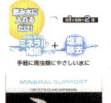
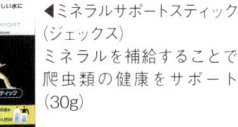

▶ミネラルサポートスティック（ジェックス）
ミネラルを補給することで爬虫類の健康をサポート（30g）

▶フタホシドライ（月夜野ファーム）
栄養満点のフタホシコオロギを乾燥。「イエコドライ」もラインアップ（70g）

▶バグプレミアム（ジェックス）
理想的なカルシウム・リン比バランス、カルシウムが豊富な乾燥アメリカミズアブ（45g）

人工飼料

　ヒョウモントカゲモドキに適した人工飼料が各メーカーからリリースされています。本書ではヒョウモントカゲモドキの生態を考えて餌はコオロギなどの昆虫類をメインとすることを推奨していますが、人工飼料も併用することでバラエティ豊かな給餌が可能となるでしょう。

● 人工飼料のタイプ

　そのまま与えることができる「半練りタイプ」や、水でふやかして与える「ドライタイプ」、お湯で練ったものを冷まして固めたものを与える「粉末タイプ」などが販売されています。まずは飼育者が扱いやすいと思うものを選んで与えてみましょう。

● 人工飼料のメリット

　メリットは何といっても保存性、そして栄養バランスにも優れるということです。常時ストックしておけば、昆虫類のストックが切れた場合でも安心です。そのためにも普段から昆虫類のほかに人工飼料の給餌に慣らしておくと良いかもしれません。

▶レオパブレンドフード（ジェックス）
昆虫原料（アメリカミズアブ）47%で嗜好性抜群、高タンパクのドライフード。水でふやかして使用（60g）

◀ Rep Deli　トリプルバグペースト ミズアブ＆コオロギ（ジェックス）
アメリカミズアブ幼虫と2種類のコオロギを配合したペースト状飼料。栄養価と嗜好性が高く、カルシウムも配合（40g）

人工飼料の給餌～ドライタイプ～

※「レオパドライ」（キョーリン）を使用

▲レオパドライ（キョーリン）
水でふやかして与えるドライタイプの総合栄養ペレット。ひかり菌配合で腸内環境を維持（60g）

適度に水を入れてフードをふやかします。もっちりするくらいがおすすめ

ピンセットでフードをつまみ、鼻先で小刻みに揺らすと

バクっと勢いよく食い付きました！

ゆっくりと味わうように食べています♪

● 人工飼料の与え方

　人工飼料を与える際は鼻先で餌の匂いを嗅がせたり、生きているコオロギのように小刻みに揺らしたりして興味を持たせるようにします。なかなか食べない個体もいますが、空腹時に試すなど根気強く与え続けてみてください。

　ちなみにヒョウモントカゲモドキは基本的に動くものに反応するため、人工飼料をエサ皿に置いても餌と認識しない限りは食べることはありません。

人工飼料の給餌 ～ゲルタイプ～

※「レオパゲル」（キョーリン）を使用

◀レオパゲル（キョーリン）
キャップを開けてすぐに使える半練りタイプのゲルフード。昆虫原料を豊富に配合した総合栄養食（60g）

チューブから適量を出してピンセットでちぎります

鼻先で揺らしてみると

カプッ！　モチモチのゲルに食い付きました

柔らかくて食べやすいようです

ぺろりと平らげました！

人工飼料を食べなくなったら

ヒョウモントカゲモドキは野生下では主に昆虫などの節足動物を捕食しているため、改良されたモルフも本能的に動くものに反応する習性があります。そのためか常時人工飼料を食べていた個体でも突然興味を示さなくなることがあります。そのような場合はコオロギなどの昆虫類を与えると、すんなり食べてくれることが多いようです。人工飼料の給餌比率が高い場合、突然拒食することも考えて昆虫類に慣らしておくと良いでしょう。

拒食と偏食

拒食について

餌を食べない「拒食」の原因としては、「購入後間もない個体で、今まで食べていた餌以外のものに反応しない」「飼育環境の変化」などが考えられます。餌に反応しない場合は今まで与えていた餌と同じものを与え、時間をかけて切り替えるようにします（餌の切り替えに関してはP29を参照）。

飼育環境の変化が原因の場合は環境を整えることが先決です。乾燥した環境で飼育すると拒食することが多いため改善しましょう。まずは飼育環境を見直し、「ストレスを軽減する」「湿度を最適に保つ」「昼夜で温度差のある管理をして代謝に変化を付ける」など、本書で提示している基本的な飼育管理を行なえば、やがて餌を食べてくれるようになるはずです。それでも餌を食べずに痩せてくるようなら病気や、その他の原因を疑い、獣医師に診察してもらうなどの対処をしましょう。

アダルトは体力があるので飼育環境が適切であれば、給水だけでも急激に痩せることはありません。拒食している間は、繰り返し給餌を試みるとストレスになるためいつも通りの給餌を行ない、食べるようになるまで見守ります。無理に食べさせる強制給餌は厳禁です。ベビーやヤングは体力がないので拒食すると致命的です。拒食を誘発する乾燥した環境での飼育は厳禁。最適な湿度を保って好環境を維持することを心がけます。

偏食について

特定の餌しか食べない「偏食」の大きな原因として「環境」と「餌の種類」が挙げられます。環境が原因の場合、気温や湿度の低下により食欲や捕食行動に変化が出ることがあります。この場合、拒食の場合と同様に、まずは飼育環境を見直し本書で取り上げたような温度・湿度を維持して環境を整えることが大切です。

餌の種類が原因となるケースで度々見られるのが、ヨーロッパブリードの個体によるヨーロッパイエコオロギ（イエコ）への偏食です。ヨーロッパで与えているのはイエコが主流のため、輸入直後の個体はイエコにしか興味を示さない場合があります。常にイエコを与えている飼育者には問題ないですが、フタホシコオロギ（フタホシ）を与えている飼育者の場合は戸惑うかもしれません。手っ取り早いのは餌をイエコに切り替えてしまうことですが、フタホシを与える場合は、サプリメントのカルシウム粉末を多めに振りかけてフタホシを白くして与えると、イエコと勘違いするのか、すんなりと食べることが多いようです。

その他のケア

ヒョウモントカゲモドが生きていくために必要な脱皮や、その他のケアについて解説します。長く健康的に暮らしてもらうためにも知っておくといいでしょう

脱皮について

爬虫類は脱皮をしますが、もちろんヒョウモントカゲモドキも例外ではありません。脱皮が近付くと古い皮膚が白くなり、たいてい鼻先からめくれていきます。そして古い皮をシェルターなどにこすったり、ひっかけたりして服を脱ぐように脱皮を行ないます。指の先まできれいに脱皮をしたら、古い皮は食べてしまう個体がほとんどです。脱皮の開始から終了までにかかる時間は個体差があり、数分から数時間で完了します。

指の先まできれいに脱皮を完了するには湿度が必要で、乾燥していると古い皮が残ってしまう、いわゆる脱皮不全になることもあります。障害なく脱皮を完了させるには湿度を維持すること、シェルターなどのグッズを配置することが必要です。つまり本書で紹介した基本的な飼育方法を行なっていれば、まず脱皮不全になることはないはずです。

■ 脱皮の注意点
● 乾燥は脱皮の大敵
● シェルターなどのグッズは脱皮の際にも役立つ
● 脱皮不全になったら温浴で対処

脱皮が近い個体は体色が白っぽくなり、やがて古い皮膚が剥がれます

脱皮が順調であれば湿度が管理できている証拠。脱皮不全にならないよう環境を維持することが大切です

脱皮不全の対処方法

それでも湿度不足などで脱皮不全になってしまったら、すぐに対処することが必要です。脱皮不全では指先などに古い皮が残ることが多く、それを放置しておくと指を締め付け、うっ血して指が脱落、欠損してしまうことがあります。脱皮不全で体に古い皮が残っている場合は以下のように対処します。

まずは個体を収容できるサイズのプラケースなどの容器に足が浸かる程度にぬるま湯を張ったら、個体を入れ温浴させます。温浴中は脱走しないように蓋をしますが、密封状態にならないようメッシュ性の蓋を利用しましょう。

水位が深いと溺れる危険性があり、特にベビーは要注意です。古い皮が軟らかくなるまでは2〜5分ほどかかるので、この間は目を離さないようにします。温浴が長すぎると体調を崩す個体がいるので注意しましょう。

温浴で皮が軟らかくなったら頭から尾、足の付け根から指先に向かって、ゆっくりと優しくなでるようにして皮を取ります。その際、爪を立てて皮を取るのは厳禁です。体に傷が付いたり内出血の原因になったりするからです。特にデリケートな指先は優しく扱います。乱暴に扱うと爪や指が欠損することもあります。

その他のケア

● 旅行などで外出する際の給餌や温度管理

健康なアダルトなら1週間までの短期の旅行であれば、給餌や給水の必要はありません。ただし、長期の外出では餌や霧吹きによる水分摂取ができず、水切れによる事故が多くなるので注意します。飼育管理ができる家族などにお願いできれば問題ないですが…。

ベビーやヤングの期間は特に水切れに弱いので、長期の外出は避けたほうが無難です。餌を一度抜いたくらいですぐに死につながるわけではないので神経質になる必要はありませんが、頻繁に餌を抜いたり数日以上の間隔を空けての給餌が続いたりすると成長不良になり、健康状態に問題が生じる恐れがあります。

また、外出時には室内の温度や湿度が急変しないように、エアコンや加湿器を稼働させてコントロールすることも大切です。

● ハンドリングについて

ペットを手で扱うことをハンドリングと言います。爬虫類の中にはストレスに強く人に触られても平気な種もいますが、多くの種はストレスを感じるため手で触れるのは必要最低限にしなくてはなりません。

ヒョウモントカゲモドキの場合、ハンドリングしている光景を見ることもありますが基本的にはハンドリングには向きません。一見人に馴れているように見えますが、それは飼育者目線での捉え方で、ヒョウモントカゲモドキにはストレスになっていることのほうが多いと思われます。触れるのはケージを掃除する際や移動時に限り、普段はストレスをかけないようハンドリングは自粛しましょう。

● 噛まれたら…

触られることを嫌がる個体に、うっかり手を出すと噛まれることがあります。噛む力は想像以上に強く、細かく鋭い歯により出血することも珍しくありません。噛まれた時は自然と離すまでじっとしているほうが安全です。噛まれた時に無理に振り払おうとしたところ、さらに強く噛まれ、もう少しで縫合が必要になるほどの深い傷を負ってしまった例もあります。

噛まれて出血した場合はすぐに傷口を消毒し、傷が深い場合は感染症の危険性もあるので病院で診てもらいましょう。触られることに慣れていない個体には、できるだけ触れないことが賢明です。

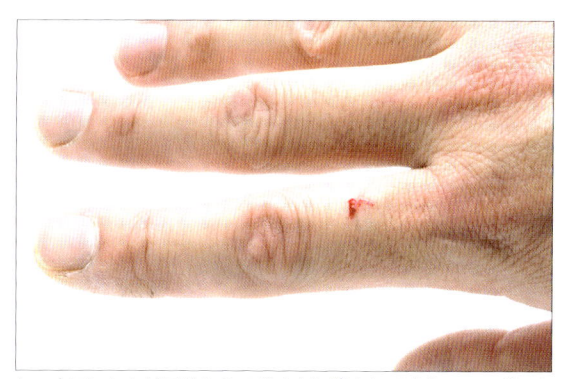

ヒョウモントカゲモドキのアダルトに噛まれて出血…。アダルトは噛む力が強いので要注意。出血したら、すぐに治療しましょう

● 殺虫剤の使用について

爬虫類を飼育している部屋では殺虫剤を使用しないのが基本です。ヒョウモントカゲモドキは小さな生物ですから殺虫剤の影響は大きいと思われます。また、コオロギなどの餌用昆虫は当然殺虫剤に弱いので、餌をストックしている部屋でも殺虫剤を使用してはいけません。殺虫剤が付着した餌を与えるのも少なからずヒョウモントカゲモドキには悪影響を及ぼすでしょう。当然、殺虫剤で弱ったゴキブリなどを与えるのは厳禁です。

成長ステージ別 飼育方法

ベビー飼育のポイント

● ベビーの特徴

ベビーはふ化後約1ヵ月目まで、全長は12cmくらいまでの個体です。性質はデリケートで、アダルトよりも温度や湿度を高く維持する、こまめに餌を与えるなど、きめ細かい管理が必要となります。無事繁殖に成功してベビーを飼育する場合は、ここで挙げるポイントを参考にして育ててみましょう。

ベビーはふ化後間もない個体ほど飼育が難しいと言えます。もしショップ等でベビーを入手するなら、初心者の場合はふ化後2週間以上経過した個体をおすすめします。

● ケージのサイズと飼育スタイル

ケージの幅は全長の2倍くらいが理想ですが、あまり大きいと管理しづらいので、小さめのケージで問題ありません。その方が給餌しやすいというメリットもあります。複数で飼育すると他の個体の尾に噛み付くなどトラブルの原因にもなるので、単独で飼育するようにします。P77でのプラケースを使った管理例も参考にしてみましょう。

● 温度・湿度は高めで

高温の場所は30〜32℃、低温の場所は25〜28℃を維持します。また、湿度は1日中60〜80%を保ちます。ベビーは代謝が高く成長速度が早いため、脱皮のサイクルも早くなります。温度が低いと代謝が落ちて食後に消化不良になりやすく、乾燥していると脱皮不全になることもあるので、順調な成長を促すためにも温度、湿度は高めを保ちましょう。

ここでは成長ステージによる飼育のポイントを紹介します。ヒョウモントカゲモドキはベビーからアダルトまで、成長ステージによって飼育にコツがあります。また、気が弱い個体や、やんちゃな個体、餌はピンセットからしか食べない個体もいるなど、それぞれに個性もあるため一般的な飼育方法をしっかり実践しつつ、各個体に合わせて自分の飼育スタイルを変えていくと良いでしょう

■ベビー飼育のポイント **Point!**
- **●ケージ内の温度管理**
  高温の場所：30〜32℃
  低温の場所：25〜28℃
- **●ケージ内の湿度管理**
  1日中60〜80%を維持
- **●給餌**
  毎日、少なくとも2日に一度、S〜Mサイズのコオロギを食べるだけ与える。ピンセットで給餌する

● 給餌方法とケア

ベビーは「よく食べよく育つ」ことが重要です。餌は毎日、もしくは少なくとも2日に一度、食べるだけ与えます。十分に食べるとそれ以上は食べようとはしないので、必要となる量はわかりやすいはずです。

餌の種類はS〜Mサイズのコオロギ（ここではフタホシ）が良いでしょう。コオロギは後ろ足と触角を取り除き、頭が硬いためピンセットなどで潰します。そしてカルシウム剤をまぶしてから、1匹ずつピンセットで与えるようにします。

コオロギをケージ内に放して与えるとベビーの体をかじったり、体の上に乗ったりしてストレスになることがあります。また、長い触角が目に入るのを嫌がる個体もいます。このようにコオロギの行動にストレスを感じると、コオロギそのものを嫌がるようになり拒食につながることがあるので注意が必要です。

さらに、ベビーへの給餌後に温度が低いと消化がうまくいかずに餌を吐き戻すことがあり、これが癖になることがあります。もし吐いた場合は数日開けてから給餌し、温度を適正に保ってしっかり消化させるようにします。

ヤング飼育のポイント

■ ヤング飼育のポイント **Point!**
● ケージ内の温度管理
　高温の場所：30 ～ 32℃
　低温の場所：25 ～ 28℃
● ケージ内の湿度管理
　1日中 60 ～ 80%を維持
● 給餌
　2 ～ 3 日に一度、M ～ L サイズのコオロギを食べるだけ
　与える

● ヤングの特徴

ヤングはふ化後約1 ～ 3 ヵ月目まで、全長は約 12 ～ 15cm くらいまでの個体です。ベビーに比べるとだいぶ体は大きくなり、しっかりしてきます。飼育環境はベビーと同じで問題ありません。ただしベビーよりも成長速度はゆるやかになり、一度に食べる餌の量は増えるものの、回数は減るなどの変化が見られます。ヤングはベビーよりもだいぶ飼いやすいため、若い個体を入手したい場合はヤングから飼い始めるのも良いでしょう。

● ケージのサイズと飼育スタイル

ケージはベビーの頃のもので問題ありませんが、サブアダルトに近いサイズになったら、アダルトと同じサイズのケージで飼育しても良いでしょう。やはり単独飼育を行ない、温度や湿度の管理はベビーと同じように設定します。

● ベビー同様、温度・湿度は高めで

ベビーの飼育時と同様に高温の場所は 30 ～ 32℃、低温の場所は 25 ～ 28℃、湿度は 1 日中 60 ～ 80%を保つようにします。

● 給餌方法とケア

ベビーに比べて一度に食べる量が多くなりますが、食いだめができるようになるので、給餌回数は減ります。2 ～ 3 日に一度、食べるだけ与えれば良いでしょう。餌を食べる回数が減るのは大人へと成長するサインで、病気ではありません。餌を食べなくなったからと強制的に給餌する必要はまったくありません。無理に与えるとストレスで今まで以上に食べなくなってしまうので、強制給餌は絶対にやめましょう。

餌は M ～ L サイズのコオロギが良いでしょう。コオロギの後ろ足は特に取り除かなくても大丈夫ですが、触角は取り除いて頭を潰し、カルシウム剤をまぶして与えます。

また、このステージでは放し餌を食べられる個体も出てきます。放し餌に慣れるとピンセットから餌を食べなくなることがあるので、以後ピンセットでの給餌を考えていない人は、この時期に放し餌に切り替えても良いでしょう。

放し餌は狭いケージの方が捕食しやすく、広いケージではなかなか捕食できないことがあります。そこで捕食しやすいようにコオロギの後ろ足を折って動きを鈍くします。放し餌をすぐに食べない場合は取り出すようにしましょう。そのまま放置しておくとコオロギにかじられてストレスになり、コオロギを拒食する原因にもなるので注意します。

なお、放し餌に反応しない個体はピンセットでの給餌に戻すようにし、間を置いてから再度試してみます。アルビノなど視力が弱いモルフは放し餌を捕食できないことが多いので、その場合はピンセットで給餌するようにしましょう。

サブアダルト飼育のポイント

● サブアダルトの特徴

　サブアダルトはふ化後約3〜8ヵ月目まで、全長は15〜18cmくらいまでの個体です。このステージになると体はよりしっかりとしてアダルトに近くなり、ベビーやヤングに比べて飼育面では、まずは一安心といったところです。

■ サブアダルト飼育のポイント **Point!**

● ケージ内の温度管理
　高温の場所：30℃前後
　低温の場所：25℃前後
● ケージ内の湿度管理
　昼間の湿度：50〜60%
　夜間の湿度：70〜80%
● 給餌
　だいたい3日に一度くらいM〜Lサイズのコオロギを食べるだけ与える

● ケージのサイズと飼育スタイル

　ケージのサイズや温度・湿度の設定はアダルトと同じで問題ありません。

● 温度・湿度設定はアダルトと同じに

　ベビーやヤングの飼育時はやや高めの温度と湿度設定でしたが、サブアダルトではアダルトの設定と同じで良いでしょう。高温の場所は30℃前後、低温の場所は25℃前後に設定し、湿度は昼間が50〜60%、夜間は70〜80%くらいを維持するようにします。

● 給餌方法とケア

　一度に食べる餌の量はヤングに比べると多くなりますが、さらに食いだめできるようになるため給餌回数は減り、だいたい3日に一度くらい与えるようにします。ただしこれは目安で、個体の様子を見ながら餌を要求しているようであれば、その都度与えるようにしましょう。

　餌のコオロギはM〜Lサイズが良く、触角を取り除いて頭を潰し、カルシウム剤をまぶしてから与えます。後ろ足は付いたままでも食べられるはずです。また、サブアダルトになると身体も大きくなり、ヤングよりも放し餌を上手に捕食できる個体が多くなります。

アダルト飼育のポイント

● アダルトの特徴

　アダルトはふ化後約8ヵ月以降で、全長が18～25cmになります。より体が大きくなり、四肢がしっかりとしてがっちりとした体型になります。全長が20cmを超える個体は立派で迫力も感じます。アダルトになると食べる量は断然増えますがだいぶ食いだめできるようになるので、管理は以前よりも楽になるはずです。しっかり育ったアダルトならば、1ヵ月間水だけでも平気なほど生命力があります。

● ケージのサイズと飼育スタイル

　ケージは幅が全長の2倍あることが理想ですが、それよりも短くても大丈夫です。ただし、終生飼育を考えるなら、ある程度動き回れるくらいの広さはあったほうが良いでしょう。飼育に関しては他のページで解説している方法も参考にしてください。

● 温度・湿度は基本設定で

　温度と湿度はヒョウモントカゲモドキを飼育する際の基本的な設定にします。高温の場所が30℃前後、低温の場所は25℃前後、湿度は昼間が50～60%、夜間は70～80%を維持できれば理想的です。

● 給餌方法とケア

　餌のコオロギはM～Lサイズで、触角を取り除きカルシウム剤をまぶしてから与えます。コオロギの頭は潰さず、また後ろ足を取り除かなくても食べられるはずです。1週間に一度食べるだけ与えるか、放し餌にしても良いでしょう。放し餌にする場合はカルシウム剤をまぶしてから一度に10匹ほど入れておくと、最初に数匹を食べて、その後お腹が減るたびに捕食します。放し餌では、コオロギが鳴いてうるさいという場合は、3日に一度数匹ずつ与えても問題ありません。ただし、いずれの場合も与えすぎは肥満の原因になるので、個体に合った給餌量を超えないよう注意することが大切です。

飼育ケージを セットしてみよう

ヒョウモントカゲモドキの飼育環境を把握したら、必要な器材を揃え、実際にセットしてみましょう。手順ごとにポイントを挙げますが複雑な作業はありません。セット自体も短時間で終了するはずです

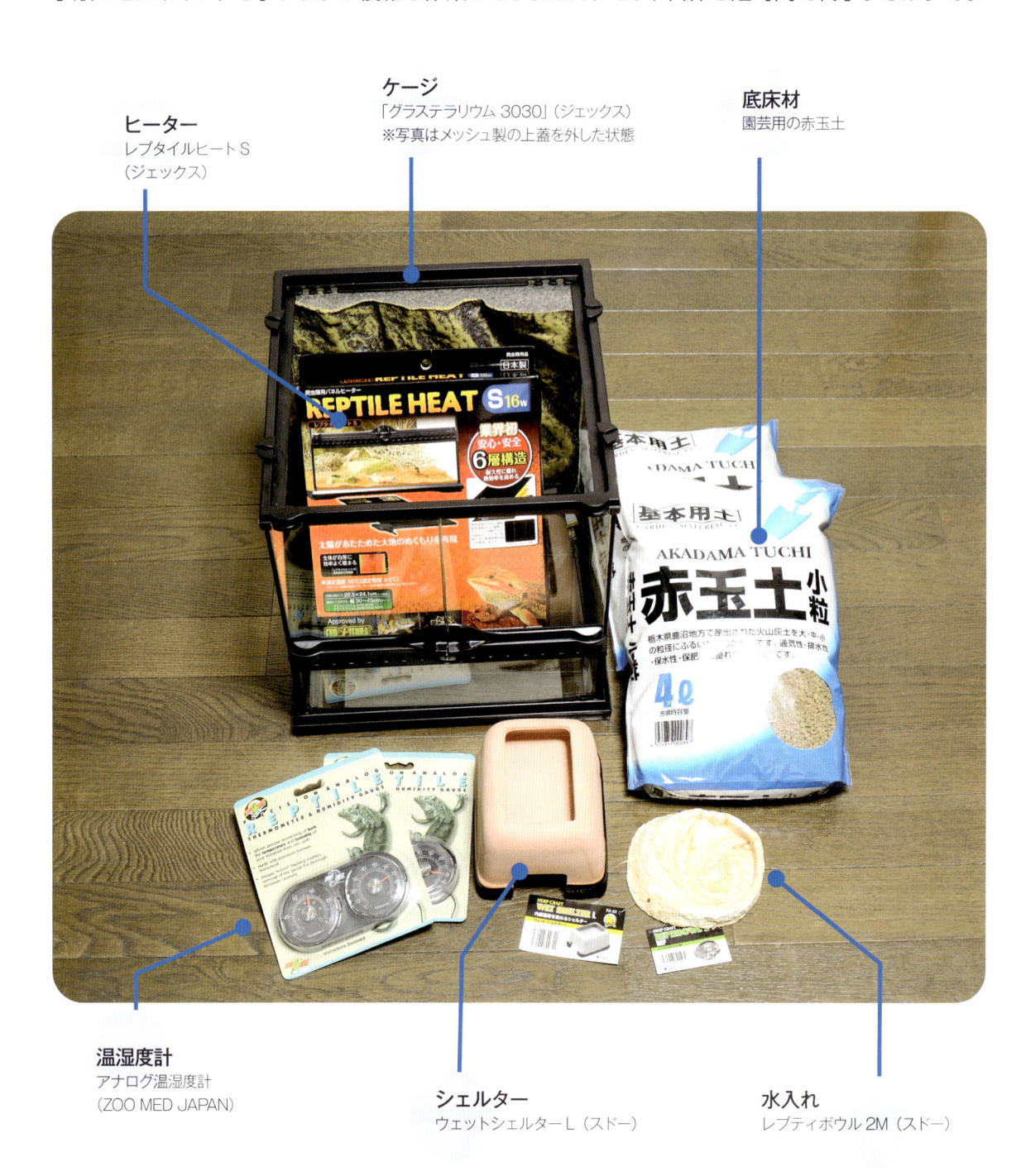

ヒーター
レプタイルヒート S
（ジェックス）

ケージ
「グラステラリウム 3030」（ジェックス）
※写真はメッシュ製の上蓋を外した状態

底床材
園芸用の赤玉土

温湿度計
アナログ温湿度計
（ZOO MED JAPAN）

シェルター
ウェットシェルター L（スドー）

水入れ
レプティボウル 2M（スドー）

1 ケージの設置

　ケージを置く場所は直射日光の入らない、温度変化の少ない場所を選びます（P31 参照）。ケージはガラス製の場合は重量があり、赤玉土やシェルターなどを入れるためより重くなります。重量に耐えられるしっかりした台に設置しましょう。

　ケージは爬虫類専用のものがおすすめ。専用ケージはヒーターの設置がしやすく、空気の流通が確保できるなど、機能面で優れています。

ここでは幅、奥行き、高さとも30cm のキューブ型のケージを使用。しっかりした台の上にケージを設置しましょう

2 保温器具のセット

　ケージを設置したらヒーターをセットします。ヒーターはケージの下に敷くパネルヒーターが使い勝手が良くおすすめです。ここでポイントになるのが、加温する部分は底面全体ではなく底面の一部ということ。ケージ内の温度をエアコンなどで25℃前後に維持しつつ、ヒーターで30℃前後の高温スポットを作ります。

　ヒョウモントカゲモドキの休息場所となるシェルター周辺は25℃前後にするため、ヒーターで加温しないようにします。赤玉土を敷く前にシェルターとヒーターの位置関係を確認しておきましょう。ケージのサイズや置く場所によってケージ内の温度には変化が見られるため、夏は保温面積を狭く、冬は逆に広くするなど飼育者の環境に合わせて微妙な調整をするのも良いと思います。

◀ケージの下にパネルヒーターを設置。ヒーターは薄いタイプが使いやすく、ケージの下に敷いても違和感がありません。ヒーターのサイズは、ケージ底面の半分くらいを覆えるものなら理想的です。

▼シェルターの下は加温しないため、底床をセットする前にヒーターとの位置関係を確認しておきましょう

3 赤玉土を敷く

　保温器具をセットしたら赤玉土を敷き詰めます。赤玉土は園芸用として販売されているものを使用します。スコップなどを使って静かに敷き詰めると、細かい粉が舞うことなくケージ内を汚さずに敷くことができるはずです。赤玉土の厚さは3〜5cmくらいを目安にします。今回使用したケージは30(幅)×30(奥行)cmなので、3cmほど敷く場合は2〜3ℓあれば十分です。

　P33でも解説しているように赤玉土は湿度を維持しやすく、仮に誤飲しても体外に排出しやすいなど、様々な利点があります。安価で販売されており、定期的に新しいものと入れ替えてもそれほどコストもかからないおすすめの底床材です。

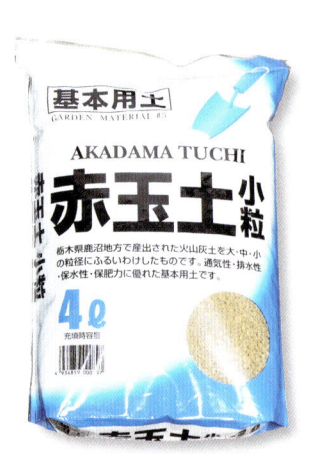

▶園芸用土としても有名な赤玉土は、ヒョウモントカゲモドキの底床材にうってつけ。全国のホームセンターや園芸店で購入できます。粒のサイズは、ヒョウモントカゲモドキが掘りやすい小粒がおすすめ

スコップなどでゆっくりと赤玉土を敷き詰めます。勢いよく敷くと粉が舞ってケージ内が汚れるので注意しましょう

十分な量の赤玉土を入れたら、平らにならします。今回はだいたい3cm厚に敷き詰めました

4 シェルター、水入れを設置

底床をセットしたらヒョウモントカゲモドキの住み家となるシェルターと水入れを設置します。先にも書いたように、シェルターはヒーターの上には置きません。対して水入れはヒーターの上に置いて問題ありません。

30（幅）×30（奥行）cmと余裕のあるケージでも、シェルターと水入れを設置すると底面の半分ほどのスペースが占領されます。夜間はよく動き回るので、活動のためのスペースは確保してあげましょう

5 温湿度計をセット

シェルターと水入れをセットしたら温湿度計をセットします。温湿度計はヒョウモントカゲモドキがよく活動する高さ、つまり底床に近いレベルに設置します。また、ヒーター側とシェルター側の2ヵ所に設置することも忘れずに。

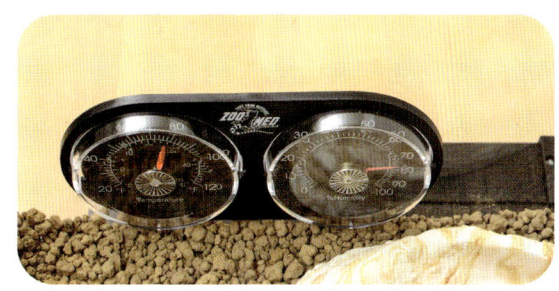

▲ 温湿度計は写真の「アナログ温湿度計」（ZOO MED JAPAN）のように一体型になったものがコンパクトで便利ですが、温度計と湿度計をそれぞれ設置してもかまいません

◀ 温湿度計はヒーター側とシェルター側にそれぞれ設置することで、高温と低温スポットの温度、湿度の確認、管理がしやすくなります

6 湿度を上げて飼育の準備

　温湿度計をセットしたら赤玉土を湿らせてケージ内の湿度を上げます。また、水入れを水で満たし、ウェットシェルターを使用している場合は上部に水を入れておきます。

▶スプレーや水差し、洗浄瓶を利用して赤玉土を湿らせ、湿度を上げます

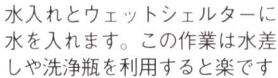

水入れとウェットシェルターに水を入れます。この作業は水差しや洗浄瓶を利用すると楽です

7 セット完了

　ケージ内の湿度を上げるための作業を終えたら上蓋を設置し、これでひとまずケージのセットは完了です。初めてヒョウモントカゲモドキを飼育する場合は、まだ管理に慣れていないと思います。すぐには導入せず、適した温度、湿度が維持できるかどうか、何日か様子を見ると安心です。

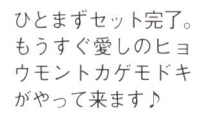

ひとまずセット完了。もうすぐ愛しのヒョウモントカゲモドキがやって来ます♪

8 ヒョウモントカゲモドキを迎え入れよう

　温度はヒーター側が30℃前後、シェルター側が25℃前後、昼間の湿度は50〜60％、夜間は70〜80％くらいを維持できていれば、いよいよヒョウモントカゲモドキの導入です。購入後は移動などもあり、何かとストレスを感じているはずです。ケージ内にやさしく入れてあげましょう。餌を与えてもすぐには食べない個体のほうが多いかもしれません。給餌は翌日以降にして、まずはゆっくり休ませてあげてください。

ケージをセット後は、温湿度計をチェックして温度や湿度が適正になるよう管理しましょう。好適値が維持できれば、ヒョウモントカゲモドキを迎え入れます

セットしたケージに迎え入れたヒョウモントカゲモドキ。写真のモルフはバンディット。周囲を確認した後、住み家となるシェルターの中に入っていきました

ケージレイアウト＆複数飼育について

ここでは各サイズのケージを使って楽しめるレイアウト例と複数飼育について紹介します。60cm以上の大型ケージを使用すれば、ペアやハーレム(オスと複数のメス)での複数飼育も可能です。レイアウトのコツや複数飼育のポイントを把握して、飼育を存分に楽しんでみましょう

■ レイアウトのポイント
● 飼育数に合った十分な広さのケージを使用
● 隠れ家は個体数より多く設置
● 造形資材や流木、市販のアクセサリーを活用

■ 複数飼育のポイント
● オスは複数で飼育しない
● 個体同士の相性を確認
● ケンカの有無をこまめにチェック

Point!

● 各レイアウト例のコンセプト

ヒョウモントカゲモドキは丈夫で適応力が高いため、狭いスペースや簡易な飼育設備でも大抵の個体は問題なく飼育できてしまいます。しかし、それは飼育を楽しむというよりも個体管理をしている感が強くなり、本来の生態を観察するという生き物飼育の楽しさ・面白さを体験することができません。P54からの飼育セッティング例では30cmのキューブ型ケージを使用し、単独飼育

で問題ないスペースを確保しています。ただし、こだわった複雑なレイアウトをするには、さらにスペースが必要となります。そこで、ここでは「生態を観察し飼育環境を楽しむ」ことをコンセプトに、幅45cmのケージで単独飼育、幅60cmでペア飼育、幅90cmでトリオ飼育をしながらレイアウトも楽しむ方法を紹介します。

● 複数飼育にトライ

野生下ではオスと複数のメス、いわゆるハーレムで生活している場合が多く、飼育個体でも環境を十分に整えれば複数個体での飼育が可能となります。プラケースなどの小さな飼育設備での単独飼育では経験でき

ない本来の生態を観察するため、複数飼育にトライしてみましょう。単独飼育と違い複数飼育では、それなりのリスクを生じることがありますが、個体のテリトリーを十分確保することでリスクを軽減することができます。

● 複数飼育のパターン

実際に複数飼育をする場合はオスとメスのペア、もしくは本来の生態と同じく1匹のオスと複数のメスのハーレムで飼育します。この場合は十分な飼育スペースの確保が必要です。右にその目安を挙げます。ケージは底面積が広いほど良いため予算と設置環境が許せば、より大きなケージを使用しましょう。

● ペア飼育
幅60cm×奥行45cm以上のケージ

● トリオ (オス×1匹、メス×2匹) 飼育
幅90cm×奥行45cm以上のケージ

● ハーレム (オス×1匹、メス×3〜4匹が理想) 飼育
幅120cm×奥行45cm以上のケージ

● 複数飼育のポイント

限られたスペースでオスを複数飼育するのは厳禁で、仮にオス同士 (2匹) を飼育する場合は、2つのハーレムを作れるくらい広いケージ (トロ池など) を用意する必要があります。また、オスもメスもアダルト (性成熟している)個体が適しています。個体同士の相性が良いか、

ケンカをしていないかこまめにチェックし、隠れ家となるシェルターを個体数より多く設置してシェルターの奪い合いが起きないようにすることも重要です。ケンカしたり相性が悪かったりする場合は無理をせず、隔離して飼育しましょう。

45cmキューブ型ケージ
単独飼育で生態を楽しむ

流木や市販のグッズを使い、
生息地を想像してレイアウト。
ヒョウモントカゲモドキ本来の生態を観察

● 使用した器材 ●

ケージ：グラステラリウム 4545／幅 46.5
×奥行 46.5×高さ 48cm
シェルター 1：モイストシェルターコーナー
160×1
水入れ：ウォーターディッシュ S×1
アクセサリー：カクタス S×1、天然流
木（自家採集）
底床材：赤玉土（園芸用）約 5ℓ（4kg）

※器材提供／ジェックス
※通常飼育時には保温器具や温湿度計を使用

コーナーに設置できるシェルターはレイアウトにもおすすめ。流木やアクセサリー
をうまく配置することで立体的な動きが観察できます（レイアウト制作／寺尾佳之）

単独飼育でもシェルターを複数設置すれば、
気に入った場所に隠れるようになります

● レイアウトのポイント

　ヒョウモントカゲモドキは自生地では倒木や岩、石
の下や隙間などの狭い空間に隠れて暮らしています。
時には地面を掘って自分の隠れ家を確保することも
あるでしょう。そんな生態を観察するため底床には
湿度を確保しやすく、かつ掘りやすい赤玉土を使用
（爬虫類用のソイルも可）。さらに、市販のシェルター
や水入れ、アクセサリーを使って隠れ家と水場を演
出。幅 45×奥行 45cmのケージであればアクセサリー
や流木などを多めに入れて、より複雑なレイアウトに
することもできます。気に入ったグッズを使って、ヒョ
ウモントカゲモドキが快適に過ごせるようなレイアウト
を作ってみましょう。

ヒョウモントカゲモドキは本来夜行性。特に夜間はシェルター
やアクセサリーの周りを活発に動く様子が見られます

60×45cmケージ

植物を使ったレイアウトでペア飼育。繁殖も狙う

やや大きめのケージを使い、多肉植物や流木で
レイアウトを楽しみながらペアを飼育。繁殖も狙うスタイル

植物は、あらかじめ木粉製の植木鉢（エコポット）に植え込んで発根させたものを底床に埋め込みました。レイアウトが簡単に行なえます（写真提供／寺尾佳之）

後方にある造形部分には産卵床となるタッパーを埋め込んでいます。横穴から侵入できるように細工し、タッパーには赤玉土を入れて蓋をしてセット。産卵後はタッパーを取り出して管理することも可能です（写真提供／寺尾佳之）

造形部分の表面に凹凸が出るよう、造形材「極床 造形君」（ピクタ）に赤玉土を混ぜ込んで自然な雰囲気を演出。造形材と赤玉土の割合は約1：1。固まりにくい場合は造形材の割合を増やすと良いでしょう（写真提供／寺尾佳之）

● レイアウトに適した植物の種類と管理

　レイアウトに使用する植物は、丈夫でLEDライトで育つ種類の多肉植物（写真参照）、塊根植物などがおすすめです。日中はやや乾燥し夜間に湿度が上がるヒョウモントカゲモドキ（アダルト）の飼育環境では、ハオルチアやアロエ、アガベ、サンセベリアなどが栽培可能です。水やりは夜間の霧吹きの際に、数日に一度根元がしっかり濡れるくらいに与えると良いでしょう。常に湿った状態では根腐れすることがあるので注意します。ヒョウモントカゲモドキは肉食性のため植物を食べることはありませんが、棘の鋭い種類や毒性のあるものは避け、安全性の高い植物を使用します。

■ レイアウトにおすすめの多肉植物

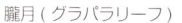

朧月（グラパラリーフ）　　風車（スターキアナ）

■ 植物育成におすすめの LED ライト

スカラベ（レップジャパン）
爬虫類・両生類の体色を鮮やかに演出するほか、植物の育成にも最適なライト

ひまわり（レップジャパン）
強力クリップ付きの保温球スタンド。クリップを取り外して、金網蓋にネジ止めもできる

● 使用した器材 ●

ケージ：グラステラリウム 6045／
幅 61.5 ×奥行 46.5 ×高さ 48cm

照明：クリア LED POWER Ⅲ
600×1

シェルター1：モイストシェルター
コーナー 160×1

シェルター2：レプタイルロック S
×1

水入れ：ウォーターディッシュ S
×1

アクセサリー：天然流木（自家
採集）

底床材：赤玉土（園芸用）約7ℓ
（5.6kg）

造形材：極床 造形君（ピクタ）
約3ℓ（3/4 袋）、赤玉土 約3ℓ
（2.4kg）

植物：アガベ・デスメティアーナ

※器材提供／ジェックス
※通常飼育時には保温器具や温湿度計
を使用

相性の良いペアでの飼育が基本。隠れ家は多めに配置。流木の下
なども隠れ家になります（レイアウト制作／寺尾佳之）

● レイアウトのポイント

　幅約 60cm×奥行約 45cmのケージでは、45cmキューブに比べるとレイアウトの自由度もかなりアップします。中央部分には水で練って使う造形材「極床 造形君」を使って、要塞のような台地を作りました。右ページで解説したように内部には産卵床が埋め込まれており、産卵時には横穴から内部に侵入できる仕組みです。

　台地の上部には赤玉土を敷き、棘のないアガベを配植。流木も配置して自然な雰囲気を演出しました。また、複数個体を飼育するため、それぞれが安心して休めるように隠れられる場所を複数作ることが大切。これによりシェルターの奪い合いやケンカのリスク、ストレスを軽減することができます。

● ペア飼育のポイント

　導入するペアは性成熟しているアダルトにします。間違ってもオス同士は絶対に同居させてはいけません。完全にアダルトになりきっていない未成熟の個体では、メスがオスに追いかけられてストレスになったり、完全なアダルトになる前に抱卵して母体に負担がかかったり、卵詰まりの原因になることもあります。飼育中はペアの相性が良いか、ケンカをしていないか、ストレスになっていないかなど、こまめにチェックし相性が

急接近するオス
（手前）をメスが
見つめています

悪ければ同居はさせずに隔離して飼育しましょう。また、餌を与えるときは必ず、すべての個体が食べているか確認することもポイントです。

※複数飼育での繁殖については P65で解説します。

ヒョウモントカゲモドキが登れるような大きな流木を配置し植物を植えると、まるでワイルド個体が棲んでいるような現地の雰囲気を演出できます（レイアウト制作／寺尾佳之）

● レイアウトのポイント

　LED 照明で育成できる丈夫な多肉植物や天然流木を配置し、自生地を想像しながらレイアウトしました。造形材で作った中央の台地には前ページの 60cm×45cm ケージの場合と同じく、内部にタッパーで作った産卵床が埋め込まれており、横穴から侵入できるようになっています。市販のシェルターや大きめの自作シェルターは造形材で固定。個体数以上の隠れ家を確保しました。複数個体が自由に活動できるように、動き回れるスペースを確保したのもポイントです。

● 使用した器材 ●

ケージ：グラステラリウム9045／幅 91.5×奥行 46.5×高さ48cm
照明：クリア LED POWER Ⅲ 900×1
シェルター1：モイストシェルターコーナー 160×1
シェルター2：モイストロック 170×1
シェルター3：レプタイルロック S
水入れ：ウォーターディッシュ M×1
アクセサリー：天然流木（自家採集）
底床材：赤玉土（園芸用）約 10ℓ（8kg）
造形材：極床 造形君（ピクタ）4ℓ（1袋）、赤玉土約4ℓ（3.2kg）
植物：ガステリア・ミニマ（子宝）、クラッスラ'ゴーラム'（宇宙の木）

※器材提供／ジェックス
※通常飼育時には、保温器具や温湿度計を使用

● さらに多くの個体でハーレム飼育するには

　例えばオス×1、メス3〜4匹のハーレムで飼育する場合は、幅120cm×奥行45cm以上のケージを使用します。ここで紹介しているトリオ飼育時よりも、さらにシェルターを多く配置して隠れ家を増やしましょう。飼育個体数が多くなるとそれぞれの個体のチェックに時間はかかりますが、スペースが広くなったぶん行動範囲が広くなり、捕食行動や繁殖行動が観察しやすくなるはずです。

90×45cmケージ

大型ケージでレイアウト＆トリオ飼育

大型ケージを使い、多肉植物や流木などで
レイアウトを楽しみつつオス1メス2のトリオで飼育。
トリオ時の生態を観察しながら繁殖まで狙うスタイル

トリオ飼育の場合も、ケンカなどがないか毎日よく観察します。ペア飼育同様、個体数より多く隠れ家を作るのが基本

流木に登ったり流木の下に隠れたりと、活発に動き回る様子が見られるのは大型ケージならでは

● 複数飼育の繁殖について

　環境作りは、繁殖についてのページ（P70～77）で解説している温度・湿度管理と同様で、単独飼育時に行なうペアリングは必要ありません。冬季にクーリングを行ない春に気温が上がってくると、オスが尾を振るわせてメスを追いかける繁殖行動が見られるようになります。ただし、ヒョウモントカゲモドキは夜行性のため、飼育者が知らないうちに夜間に繁殖行動や交尾をしていたということも珍しくありません。オスが必要以上に追いかけまわしてメスがストレスを感じるようなら、繁殖期はオスを外して単独飼育に切り替えましょう。

　複数飼育は個体間の相性があり、うまくいくかどうかは同居させてみないとわかりません。そのためケージへの導入直後と繁殖期は特に注意して観察することが必要です。無事に交尾を行なえば、その後は単独飼育時と同じように産卵、ふ化に至ります。

　レイアウトケージではケージ内に産卵床を入れれば良いのですが、産卵床以外でもメスが気に入った場所があればそこで産卵することがあります。産卵に気付かず、いつの間にか自然ふ化したベビーがケージ内を歩いていることがあるかもしれません。

　広いスペースで飼育するとわかることですが、ゆとりのある広さで生息地に近付けた好環境で育てていれば、自然と繁殖するようになります。繁殖のページでも書きましたが、メスは1シーズンに多ければ10個以上産卵します。繁殖を狙う場合は必ず計画を立てて責任を持って行なうことも大切。繁殖を考えていない場合はレイアウトケージでの単独飼育や、メスのみでの複数飼育も楽しいでしょう。ただし、メスであってもケンカすることもあり、トラブルがないか常に観察します。いかにして好環境を用意し飼育を楽しむことができるか、それは飼育者次第。ヒョウモントカゲモドキの飼育・繁殖を存分に楽しんでみましょう。

ヒョウモントカゲモドキは 家族 の一員 大家族で楽しむ ペットライフ

ラプター×アビシニアンのクロス。色彩、模様とも美しく、狩野さんご夫婦のお気に入り個体

ここは水族館？　動物園 !?
ペットショップでひと目ぼれ

ヒョウモントカゲモドキを飼育して約3年になる狩野敦之さん。お宅を訪ねるとビックリ！　通されたリビングの壁面は巨大な水槽と爬虫類たちのケージでいっぱい!!

生き物が大好きな敦之さんは、子供の頃からグッピーを飼育するなど魚好き。それが高じて社会人になると、主に大型魚を中心に両生類や爬虫類なども飼育。

現在のお住まいに引っ越し後は希少大型魚のアカメや淡水エイ、古代魚、カリフォルニアキングスネークやコーンスネークなどのヘビ、エボシカメレオンやトカゲモドキ類、スッポンモドキなどの爬虫類に、サラマンダーなどの両生類、さらに哺乳類ではフクロモモンガなど、ちょっとした

狩野家の飼育スタイル。ラックにケージを並べ、ひとつのヒーターで保温。観賞時にはライトを点灯することも

狩野さんファミリー。手前左から隼君（次男）、わかさん（三女）、ゆらさん（次女）。奥左から、みなさん（長女）、敦之さん、まきさん、疾君（長男）。ご家族に好きな個体を聞いてみると、疾君はジャイアントスノー、隼君はノーマル、ゆらさんはスーパーマックスノー、わかさんはジャイアントスノー。そして狩野さん夫妻は、そろってラプター×アビシニアンのクロスがお気に入りだとか。どのモルフも愛されていますね

水族館、いや動物園かと思うほど、いろいろな生き物たちとにぎやかに過ごしています。

　そして今回の主役ヒョウモントカゲモドキたち。その出会いは？

「ショップで見かけて、目が合ってしまいました（笑）」

　と敦之さん。ひと目ぼれした個体が2012年の秋に迎え入れたノーマルのメス。当然のごとく、魅力に取りつかれた敦之さん。その後はハイポタンジェリンやスーパーマックスノー、リバースストライプ、ジャイアントスノー、ラプター×アビシニアンなどが加わり、現在では6匹にまで増えました。

「おどけたような行動をする時や、ぐっすり眠っている姿を見ると癒されますね」

　とヒョウモントカゲモドキを見ながら語る敦之さん。そん

◆ 狩野さんファミリーのヒョウモントカゲモドキ飼育データ

飼育歴	約3年
個体の名前／モルフ／年齢／性別／サイズ	ノーマル（♀）／リバースストライプ（♀）／ラプター×アビシニアンのクロス（♂）／リバースストライプ（♀）／ジャイアントスノー（♂）／ハイポタンジェリン
ケージのサイズ	メインはアクリル製 30 × 20 × 14.5（H）cm、ノーマルはプラケ（大）
基本温度・湿度の設定	室温は 27℃、室内湿度は 50%（ケージ内は 50%以上）
保温器具の種類	ピタリ適温ノーマル、ピタリ適温丸（ともにレップジャパン）
床材	フロッグソイル（スドー）
餌	デュビア
サプリメント	カルシウム（ジェックス）をデュビアにダスティング
給餌頻度	2〜3日に一度食べるだけ与える
メンテナンス	フンは見つけ次第取り出す。週2回水換え
その他	観賞する時のみクリップオンタイプのライトを点灯

給餌する敦之さんとゆらさん。個体の様子を見ながら、2〜3日に一度デュビアの幼虫を与える

ハイポタンジェリンの名前で購入した。黒色色素が残っているようで、タンジェリンジャングルのような表現を見せる美しく健康な個体

ジャイアントスノーのオス。マックススノーとタグスノーを交配したモルフ

▲好物のデュビアにバクッと勢いよく食い付く

◀サプリメントは「カルシウム」（ジェックス）を使用。カップでダスティングしてから給餌

ヒョウモントカゲモドキをはじめヘビなどが収納されたラック。最上段左はエボシカメレオン、最上段右はフクロモモンガのケージ。再下段右のプラケでは餌用のデュビアをストック

な敦之さんに対して奥さんのまきさんは、
「夫には好きなことをさせてあげたいですね」
　と、世のペット愛好家の旦那さんにとっては、何ともうらやましい発言!　敦之さんが仕事で忙しい時は、まきさんがヒョウモントカゲモドキの水換えだけでなく、水槽の水換えまでも引き受けているそうです。
「感謝感謝です（笑）」
　と照れる敦之さん。ホントに素敵な奥さんと一緒になって、幸せ者ですね。
　そんなまきさんですが、実は最初はヒョウモントカゲモドキが苦手だったとか。
「実はワニのような目が苦手で。でもウルウル目は大丈夫ですね（笑）」
　やはりウルウル目の子は、女性人気が高いようです。

家族に愛されるレオパたち
失敗から学んで環境づくり

　狩野家は大家族。敦之さんとまきさんの間には5人の子供たちがいて、みんな生き物が好き。長女のみなさんは、友達にヒョウモントカゲモドキのことをキモいと言われてしまうこともあるそうですが、それでも自信を持って「かわいい」と言いきります。お気に入りは、リバースストライプだとか。
　さて、飼育にも工夫がなされているので紹介しておきましょう。メインのケージはアクリル製の蓋が引出せるタイプで、蓋には空気穴が多数空いている爬虫類飼育に適したもの。底床には「フロッグソイル」（スドー）を使用し、適度に湿らせ湿度を維持しています。温度は室温27℃を維持し、ケージの一部をプレートヒーターで保温してい

リバースストライプのメス。背部に並んだラインが個性的

スーパーマックスノー。
脱皮中でちょっとセクシーなカットになってしまった!?

ノーマルのメス。2012年秋、
初めて狩野家にやってきた個体

▲▶狩野家の基本セッティング。アクリル製のケージを使用し、底床は「フロッグソイル」（スドー）、シェルターと水入れを配置。引出し式の上蓋には、通気穴がたくさん空いているため蒸れる心配は少ない

ヒーターはひとつで2つのケージを同時に保温。経済的でもある

ます。狩野さんの飼育環境では、ヒーターひとつでケージ2つをカバーするくらいでちょうど良いようです。

餌は2〜3日に一度、デュビアに「カルシウム」（ジェックス）をダスティングして与えています。水は常に新鮮な状態にしておくとか。以前は餌を与えすぎたり、少なすぎたりして死なせてしまったこともあったそうです。その経験から、狩野さん宅では現在の給餌ペースに落ち着いています。飼育中の個体は体の色つやや体格を見れば、いずれも調子が良いことがわかります。

「とにかく手がかからず、とても飼いやすいですよ。おとなしくて、愛嬌もありますし。これからも我が子のように、家族の一員として大切にしていこうと思います」

と敦之さん。多くのペットと一緒に、大切に飼育されていることが伺えた狩野家のヒョウモントカゲモドキたちなのでした。

Leopa HOME 愛のレオパ写真

写真／狩野さんファミリー

▶水入れを枕に爆睡中。敦之さんはこの寝顔にいやされるのだとか

◀わかちゃんとスーパーマックスノー。ケージ掃除の時などはハンドリングするが、とてもおとなしそう

ヒョウモントカゲモドキ の 殖やし方

様々なモルフで私たちを魅了するヒョウモントカゲモドキ。飼育がしっかりできていれば繁殖は夢ではありません。もちろんそれには、しっかりとした目的意識と準備が必要。ここでは繁殖に関する知識とテクニックを紹介します

● 繁殖は命がけ！　目的を持ってチャレンジ

ヒョウモントカゲモドキを飼っていると、いずれ殖やしてみたいと思う人は多いでしょう。異なるモルフでの交配で、どんな色彩のベビーが生まれるのか興味がありますし、オリジナルのモルフが出現する可能性もあります。

ただし、繁殖させる場合は目的を持ち計画的に行なうことが大切です。というのも、繁殖はヒョウモントカゲモドキにとっては命がけの一大イベントだからです。ペアの相性が合わなければケンカをしてダメージを負ったり、メスの卵詰まりや産卵後に痩せてしまったりすることも

あります。また、発情を促す過程で死んでしまうリスクもあるのです。

さらに、劣性遺伝（特にアルビノ系）のモルフ同士の交配や近親交配を重ねないなど、繁殖にはある程度の遺伝の知識も必要になります。

ヒョウモントカゲモドキを初めて飼育し、さらに繁殖も目指すなら、まずは1年通してしっかり飼育して経験を積んで知識も蓄えましょう。そのうえで繁殖を目指して個体を成熟させるくらいの気持ちで臨むと良いかもしれません。

● 計画的に繁殖を

ヒョウモントカゲモドキのメスは、一度に2個の卵を産み、それを1～6回ほど、多い時で10回ほど繰り返します。仮にすべてふ化したとすると、2～20匹ものベビーが誕生することになります。殖やした個体をすべて自分で飼育するのか、知人に譲る場合はその約束ができているのかも大切な確認事項。

また、最近は爬虫類の販売には規制が多く、手続きも必要になります。業者でなければ簡単に販売できないため、無計画に殖やすのは飼育者のリスクも高めてしまいます。

ちょっと脅かすような感じになってしまいましたが、ペットを繁殖させたら飼い主が責任を負わなければなりません。飼いきれなくなったから野外に放つなどは言語道断。飼育者として絶対にやってはいけないことです。繁殖は目的意識を持って計画的に行なうこと。そうすることで、よりヒョウモントカゲモドキへの愛情も深まり、繁殖の楽しさも感じられるはずです。

● 複数飼育は要注意

それでは実際の繁殖について解説していきましょう。まずはどのような繁殖スタイルを実践するかということです。ヒョウモントカゲモドキは、野生ではオス1匹に対して複数のメスと交尾をするハーレムを形成しています。アメリカではハーレムで繁殖させるブリーダーが多いようです。

複数飼育する場合、オス同士はケンカをするので絶対に一緒に飼育してはいけません。ペアやオス1匹に対しメスを複数で飼育する場合はケンカをしていないか、各個体が健康で餌を十分に食べているかを、こまめにチェックします。

いずれにしろ複数飼育の場合は各個体がストレスを感じると思われます。ペア飼育ではケンカしないことも多いですが、発情したオスがメスを常に追いかけ回すなどストレスになることもあります。繁殖目的ではなく、1匹だとかわいそうだからという理由でペア飼育する人もいるようですが、繁殖を目指さないのであれば、ペア飼育は避けたほうが良いでしょう。

趣味レベルで繁殖を行なう場合、普段はなるべくストレスを与えないようにオスとメスを別々に単独飼育し、繁殖期に交尾させたほうがヒョウモントカゲモドキのためには良く、管理もしやすいと言えます。

● メスの好みがはっきり!?　繁殖に用いる個体数は?

オスとメスには相性があり、好みもはっきりしているようです。特にメスがオスを選ぶことから、交尾を受け入れるかどうかはオスの性格も重要ですがメス次第のところがあります。そのためペアで飼育していても交尾が成功する確率は高くなく、仮に10ペア交配させても、全て成功することはほぼないでしょう。

そこで確実に繁殖させるなら、雌雄各3匹計6匹ほど用意したいところです。そこまでは無理という場合でもメス1匹に対してオス2匹、成功する確率を上げるにはオス3匹は欲しいところで、どのオスと相性が良いかを確かめながら交尾させるようにします。

ヒョウモントカゲモドキはペアがいれば簡単に繁殖するというのは勘違いなのです。逆に1ペアだけでうまく繁殖してくれればそれは幸運だと言えます。

● オスとメスの見分け方

オスとメスの特徴を把握しておきましょう。

オスは成熟すると総排泄腔の下側、尾の付け根の部分にコブが2つ並ぶように膨らんできます。このコブには生殖器官であるヘミペニスが収納されています。また、総排泄腔の上側、両足の付け根の間には前腔孔という鱗がアーチ状に並ぶのも大きな特徴です。そして、オスはメスに比べると頭部が発達して、いかつい印象になります。

メスはオスのように総排泄腔周辺は変化が見られませんが、個体によっては総排泄腔の下側が全体的に膨らむこともあります。この場合は前腔孔の有無なども確認して性別を判断します。メスはオスに比べて頭部が小さく、また、抱卵した個体は腹部がふっくらして卵が透けて見えることもあります。

● 繁殖に適した個体

ここでは国内でブリードされたCBを使って繁殖させる場合のポイントを解説します。アメリカなど海外のCBは、国内環境に十分に慣らして成熟させてからでないとリスクが大きく、購入した年にいきなり温度を低下させるクーリングなどを行なうと死亡することもあるので注意してください。

繁殖させるには事前準備が必要で、まずは飼育環境にしっかりと慣らし、生後1年半〜2年以上飼い込んで完全に成熟したメスを使います。全長25cmほどに成長したフルサイズのアダルトでも生後1年ではまだ早く、2年目の春に繁殖させるようにします。

若いメスを繁殖に使うと、卵詰まりや産卵後の回復がうまくいかないなどのトラブルが発生する確率が高くなります。必ず十分に成熟したメスを使用します。

対してオスは、成熟していれば生後1年の個体でも問題ありません。

● 繁殖のサイクル

繁殖のサイクルは表のようになります。11月後半から12月になったら徐々に飼育温度を下げていき、雌雄ともにクーリングという作業を行ないます。自生地では冬に雪が降る地域もあり冬眠するため、このクーリングによって冬眠を疑似体験させることになります。

クーリングを経験させたら2月下旬から春に向けて、今度は徐々に温度を上げ、3月〜4月頃にいつもの飼育温度に戻すことでオスに発情が見られ、うまく交尾できれば産卵に至ります。

産卵の後は卵の管理、ベビーの飼育が待っています。それぞれの作業について解説していきます。

◆繁殖のサイクル

月	行動	ポイント
11月	クーリングの準備	早ければ11月下旬からクーリングを開始
12月	クーリング	温度を徐々に20℃ほどに低下させてクーリングを行ない発情を促す。代謝が低下するので給餌を減らす。2月下旬から徐々に温度を上げて発情、交尾の準備
1月		
2月		

月	行動	ポイント
3月	発情・交尾	通常の飼育温度に戻すと、オスは発情してメスとの交尾を求める。交尾後は産卵床の準備、産卵後は卵の管理
4月		
5月	産卵・ふ化ベビーの管理	卵の管理、ふ化の準備、ベビーの管理を行なう
6月		
7月		
8月		
9月		
10月		

雌雄の判別

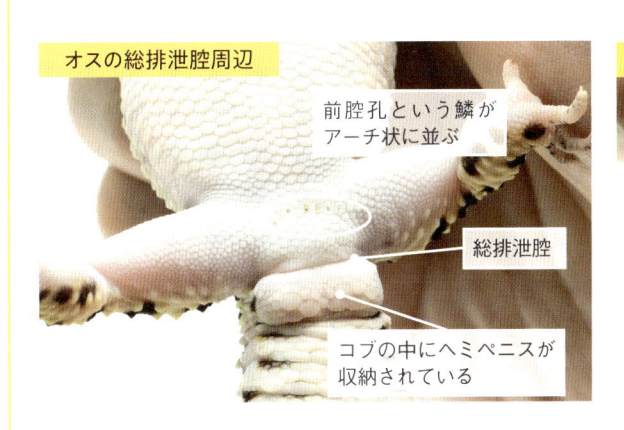

オスの総排泄腔周辺

前腔孔という鱗がアーチ状に並ぶ

総排泄腔

コブの中にヘミペニスが収納されている

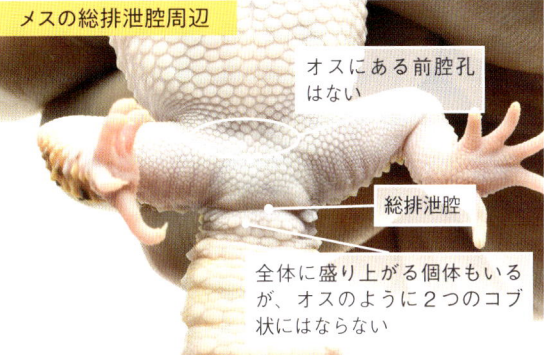

メスの総排泄腔周辺

オスにある前腔孔はない

総排泄腔

全体に盛り上がる個体もいるが、オスのように2つのコブ状にはならない

体はメスより一回り大きめ（モルフにより異なる）
メスに比べ身体はスリム（全体的に長め）で、筋肉質でごつい
尾は横に幅広くならず、丸太のような感じでメスより少し長い
頭部はメスより大きく、少しエラが張るような感じ

♂

オスの特徴

♀

メスの特徴

体はオスより一回り小さめ（モルフにより異なる）
オスに比べ身体は少し寸詰まり（全体的に短め）で、柔らかな印象
尾はオスと比べて横に幅広くなり、オスより少し短め
頭部はオスのように横幅が広くならない

73

繁殖時の管理・作業

11月後半、12月〜2月

● 徐々に温度を下げてクーリング

　繁殖の前には低温下で飼育して発情を促し、繁殖のきっかけを与えます。このクーリングの後に温度を上げると繁殖行動のスイッチが入り、交尾を行なうようになります。

　クーリングを行なう前には必ず餌を十分に与えて、個体を健康にしておきましょう。

　クーリング時はケージ内の空気中の温度を20℃ほどに下げます。高温のスポットでは30℃前後が目安でしたが、時間をかけてケージ内全体が20℃くらいになるように下げていきます。ただし、常にヒーターはセットしたままで、低温のトラブルを避けるための逃げ場を確保しておきます。保温する面積は狭くしても良いですが、必ず保温するスポットは残しておきましょう。ちなみに湿度は今まで通りに維持します。

　クーリング期間は12月から2月いっぱいまでの約3ヵ月です。この期間は低温で個体の代謝も下がるため、餌の量を減らします。減らすというよりも、低温のため餌の要求量が下がるので、今までよりも給餌の間隔を長くすれば良いでしょう。不安であれば、1週間に一度今までよりも少ない量を与えます。もし餌を食べない場合はあえて給餌する必要はありません。無理に与えると低温のため消化できずに吐き戻してしまいます。

　クーリングが成功すると、お腹はへこんでも尾は痩せません。逆にクーリング中に尾が急激に痩せてくるようなら、それはクーリングに適した環境になっていない可能性が高いため、必ずクーリングを中止し、通常の飼育に戻します。そして繁殖自体もストップし、来季に持ち越します。通常の飼育に戻せば健康は回復していきますが、中には戻らずに死んでしまう個体もいます。これがクーリングに伴うリスクです。

　ここで紹介したクーリング方法は初心者にも比較的実行しやすく、また個体へのダメージが少ないリスクを抑えた方法ですが、それでも死ぬリスクはあると言えます。ブリーダーによっては、確実に発情・交

尾をさせ、有精卵を産む確率を上げるためにクーリング時の温度をさらに下げ、保温するスポットもなくし、期間も長くして餌を抜くケースもあります。ただし、これはハイリスクを承知の上で行なう方法なのです。繁殖経験が少ない飼育者は、まずはリスクの低い方法で繁殖を目指し、経験を積むようにしてください。

2月下旬〜春

● 温度を戻して交尾の準備

　2月下旬になったら徐々に温度を上げていき、3月〜4月には元の飼育温度に戻すようにします。高温のスポットを30℃前後に戻すと、オスに発情が見られるようになります。発情したオスはメスを確認すると尾を振るわせて交尾を迫ります。

　ただし、オスの発情には個体差があり、発情しない場合もあります。また、春の兆しが訪れない早い時期に無理に温度を上げると、交尾をしたとしても産卵に至らなかったり、無精卵を産んだりする場合もあります。

　さらに、メスのクーリングがうまくいかないとオスを受け入れないこともあります。このような時は次回のクーリング期間に温度を少し下げてみるのも一案ですが、これは個体へのダメージや死亡のリスクを伴うので、覚悟のうえで実践してください。

3月〜4月

● 交尾から産卵へ

通常の飼育温度に戻したらオスのケージ内にメスを入れます。相性が合いメスがオスを受け入れれば、オスはメスを押さえて交尾します。交尾がうまくいかない時は一度隔離し、2〜3日後に再度一緒にします。それでもメスが怒って交尾を拒否するようなら、1週間ほど空けて再度一緒にします。それを何度か繰り返してもダメな場合は、繁殖は来季に挑戦しましょう。

交尾はお互いの総排泄腔を接触させて行ないます。一度の交尾では受精が完了しない場合もあるので、一度交尾が成功しても、念のため1〜2日後に再度一緒にして交尾させます。交尾の成否に関わらずペアリングさせた後は別々にします。

交尾後は早いメスでは2週間、遅いメスでは1ヵ月で産卵します。産卵までの期間にはかなり個体差があるので、よく観察しましょう。卵が透けて見える

ので、抱卵が確認できるはずです。ただし、1ヵ月以上経っても産卵しない場合は卵詰まりの可能性があります。卵詰まりは特に初産となるメスに多く見られるので、この場合はすぐに動物病院で診察してもらいましょう。

ヒョウモントカゲモドキの交尾シーン。オスがメスを抱え、ヘミペニスをメスの総排泄腔に挿入して交尾が行なわれる。一度の交尾で受精が成功するとは限らないので、1〜2日後に再度交尾させると、受精する確率が上がります（写真提供／寺尾佳之）

4月以降

● 産卵の準備

産卵に備え、事前に卵を産み付ける場所となる産卵床を用意しておきます。メスは土に穴を掘って卵を産み付ける習性があるので、産卵床には幅20×深さ15cmほどのタッパーなどの容器を使用するのが便利です。

タッパーの中には湿度を維持できる用土、飼育時と同様適度に湿らせた赤玉土、またはヤシガラ、バーミキュライトなどをタッパーの深さギリギリまで敷き詰めて、メスが自由に掘れるようにします。

この産卵床をメスのケージ内にセットし、産卵させます。メスは個体によって産卵する深さの好みが異なるので、産卵床はある程度の深さがあったほうが良いでしょう。また、タッパーの蓋の一部を切り取って出入り口にすると、そこからメスが入り産卵しますが、メスは暗い場所での産卵を好む傾向があり、タッパーが透明であると明るくて産卵を嫌がる個体もいます。

そこで色付きのタッパーを利用するか、透明のものしかない場合はコルク樹皮や平らな木などでタッ

パーの上面を覆って暗くするといった工夫をするのもおすすめです。

神経質なメスは産卵床を掘っている時に人が覗くと産卵を止めてしまうこともあります。それが続くと卵詰まりになることもあるので、神経質なメスの場合は産卵が終わるまでケージの側面を紙などで覆って刺激しないようにするのも方法です。

メスが産卵床を掘っても産卵しないのは、環境の他にも産卵床の大きさや、深さが気に入らないことが原因になる場合もあります。この場合は、大きめの産卵床に変えたり、深くしたりするなどの工夫をすると良いでしょう。

タッパーを使った産卵床の例。底床材はタッパーのギリギリまで入れ、メスが出入りできるように蓋の一部を切り取って出入り口にします

75

● 管理中の温度で変わる性別

メスは一度の産卵で2個の卵を産み、約20日ごとに産卵を繰り返します。次の産卵までの間には、しっかりと給餌し産卵のための栄養を補給させることも大切です。

産卵を確認したらすぐに卵を取り出しますが、この時、卵の位置に注意しましょう。上になっている部分に水性ペンなどで印を付けておきます。反転すると卵は死んでしまうので特に注意しましょう。

取り出した卵は床材を入れたタッパーやプリンカップに移します。容器の側面や蓋には小さな空気穴を開けておきます。床材には湿らせたバーミキュライトや、ふ化専用の床材である「ハッチライト」などを使用すると良いでしょう。この床材の上に卵が反転しないようにそっと並べて容器の蓋をします。容器内の湿度は80〜90%くらいを保つように、ふ卵器で温度と湿度を管理します。

ふ卵器は爬虫類用のものが販売されているので、それを使用するのがおすすめです。温度が自動管理できるものか、できれば湿度も自動管理できるものであれば便利です。上級者では、ふ卵器を自作する人もいますが、初心者なら専用のふ卵器で管理した方が、失敗は少ないはずです。

ヒョウモントカゲモドキは卵を管理している期間の温度で性別が変わる「温度依存性決定」という特性があります。このような性決定は他の一部の爬虫類にも見られ、高温や低温、中間温によって性別が決まります。

ヒョウモントカゲモドキの場合、30℃前後では雌雄の比率は半々、32〜33℃の高温ではオス、34℃または26℃ではメスになるとされています。よほど性別にこだわらなければ、30℃前後で管理すれば良いでしょう。高温であるとふ化は早く40日ほど、低温だと2ヵ月〜2ヵ月半ほどかかります。ふ化したベビーは、P50を参照に管理しましょう。

ちなみに、ヨークサックの付いていた腹部の孔が完全にふさがっていない状態でふ化することがあります。この場合はケガをした個体の飼育方法と同じく、赤玉土の床材の上にキッチンペーパーを厚めに敷き、ヨークサックが取れ、孔が完全にふさがるまで管理しましょう。

◆ヒョウモントカゲモドキの温度依存性決定比率

卵の管理温度	出現する性	
26℃	メス	
30℃前後	オス	メス
32〜33℃	オス	
34℃	メス	

産卵床に産み付けられた卵。上下が反転しないよう、上側に水性ペンなどで印をつけてから優しく取り出し容器に移します（写真提供／寺尾佳之）

産卵床から卵を取り出したら、床材を入れたプリンカップなどの容器に並べ、ふ卵器で管理します。ここでは床材に専用の「ハッチライト」を使用しています

ふ化が始まりました。吻端から頭、胴の順に出てきます。ふ化開始から終わりまでは数十分から数時間ほどと個体差があります（写真提供／寺尾佳之）

産卵後

● 繁殖させたメスは当分養生

　メスは一度の繁殖で複数の卵を産むことになります。そのたびに卵を取り出し、ふ卵器で管理、ふ化後はベビーの飼育と、飼育者は大忙しになります。もちろん、その苦労を乗り越えて育てたベビーが成長し、やがて繁殖させることができれば……。より楽しみは広がるはずです。

　ただし、注意することもあります。一度繁殖に使用したメスは、3年連続、個体により2年連続では産卵させないことです。メスは産卵後かなり痩せてしまい、元に回復するのに長い場合は半年以上の時間を要します。回復してもすぐに産卵させれば、体力の消耗度は激しく、短命に終わってしまうこともあります。回復に時間のかかったメスは、絶対に2年続けて産卵させないようにします。命をかけて懸命に頑張ってくれたメスですから、産卵後は十分に静養させてあげましょう。

　ここまで基本的な繁殖方法について解説してきました。飼育者がやるべきことは多いですが、それだけに自分の育てた個体が繁殖したときの喜びは、何より大きいはずです。もちろん繁殖にはリスクがありますから、初心者であればまずはしっかりと飼育できるように経験を積むことから始めてください。やがて飼育に自信が持てたら、明確な目的意識を持ち繁殖に挑んでみてはいかがでしょうか。

● 繁殖メモ ●
・繁殖はリスク覚悟で臨むこと
・クーリングが繁殖の成否を分ける
・メスは一度に2個産卵し、繁殖期に産卵を1〜10回繰り返す
・メスは3年連続、個体により2年連続では産卵させない

ようやく姿を見せました。すでに姿形は親と似ていますが模様はベビー特有です（ベビーの写真提供／寺尾佳之）

初めての食事。早い個体はふ化後当日から餌を食べますが、吐き戻すこともあります。飼育者が繁殖に慣れていない場合は、ふ化後3日目くらいから与えると良いでしょう

プラケースを使ったベビーの一時的な管理

　一時的に複数のベビーを管理するのに便利なのがプラケース。P50を参考に温度や湿度をコントロールし、底床には赤玉土やソイルを使用します。シェルターは紙製の器で作ると簡単です

紙製の器で作ったシェルター▶

Picture book Leopard Gecko
ヒョウモントカゲモドキ図鑑

ヒョウモントカゲモドキには模様や色彩が異なる様々な品種、モルフが知られています。ここではよく知られたものを中心に、同じ系統のグループごとに紹介しましょう。あなたならどのヒョウモントカゲモドキを選びますか？

● 品種とモルフ

　ヒョウモントカゲモドキの解説で度々登場する品種や、モルフという言葉について説明しておきます。品種とは一般に、ある生物を飼育下で人為的に交配、選別して模様や色彩を固定したものを指し、次世代にも親と同じ特徴が現れます。しかし、ヒョウモントカゲモドキは、すべての品種が完全に固定されているわけではありません。ホビーの世界では、完全に固定されていなくても品種として扱うこともあります。

　モルフ (morph) とは「表現型」というような意味です。ただし、ヒョウモントカゲモドキの世界では、人によって作出された個体をモルフと称するケースもあり、品種＝モルフとして特に区別されずに使われることが多々あります。というようにヒョウモントカゲモドキに関しては現在のところ、品種とモルフに明確な区別はないようです。

ヒョウモントカゲモドキの改良の歴史は、このハイイエローの登場によって一変しました

W&Y レインウォーターサングロー（W&Y ファイアウォーター）は、ホワイト＆イエローとレインウォーターアルビノ、スーパーハイポタンジェリンという複数のモルフが組み合わさったコンボモルフ

● コンボとは？

　コンボ (combo) とは「組み合わせ」という意味で、複数のモルフを交配したものをコンボモルフと呼びます。モルフによって遺伝の仕方は様々で、コンボ内容が複雑になると表現も変化します。

Contents [図鑑目次] ◇◇◇◇◇◇◇◇◇◇◇◇◇◇◇◇◇◇◇◇◇◇◇◇◇◇◇◇◇◇◇◇◇◇◇◇◇

ワイルド系

自然下に生息するヒョウモントカゲモドキの仲間は5亜種ほどが知られています。野生個体（ワイルド個体）の流通はごくまれに見られ、マキュラリウスやアフガンなどの亜種名で区別されます。ここでは4亜種を紹介

マキュラリウスのアダルト

Macularius (Punjab)
マキュラリウス（パンジャブ）

学名 *Eublepharis macularius macularius*

分布● パキスタン全域（シンド州を除く）、インド北部、北西部

Eublepharis macularius の基亜種。模式産地がパキスタンのパンジャブ州ソルトレンジだったため、パンジャブとも呼ばれます。分布域が広く、かつて流通していた野生個体の元親の採集地によるものか、または累代繁殖によるものなのか、現在流通している個体には黄色みの強いものも多く見られます

マキュラリウスのベビー。バンドが濃く鮮明

原種マキュラリウスの主な分布

現在、マキュラリウスは基亜種となるマキュラリウス・マキュラリウス（日本の趣味界ではパンジャブとも呼ばれる）を含めて5亜種ほどが知られている。インド北部に分布するとされるスミシー亜種 *Eublepharis macularius smithi* については、趣味界では流通しておらず、本書では扱っていない。

アフガニクス
アフガニスタン東部（ローガル州、ヴァルダク州、パクティーカー州）、南東部、パキスタン北西部

マキュラリウス
パキスタン全域（シンド州を除く）、インド北部、北西部

モンタヌス
パキスタン（シンド州南部）

ファスキオラータス
パキスタン（シンド州南東部）

イラン
アフガニスタン
パキスタン
インド

柄が濃く大きいアダルト

2015年頃にパキスタン産として輸入された野生個体を元親にして、国内で殖やされた個体。大型でがっちりとした体に黄色みの強い体色、より黒くはっきりとした大きめの斑紋が全身に入るのが特徴です

Pakistan Blood Line
パキスタン産血統

学名 *Eublepharis macularius*

分布● パキスタン

パキスタン産血統のベビー

ファスキオラータスのベビー。バンドや頭部には淡い紫色の発色が見られる

Fasciolatus
ファスキオラータス

学名 *Eublepharis macularius fasciolatus*

分布● パキスタン（シンド州南東部）

淡いレモンイエローのような体色で、成長してもバンド部分に淡い紫色が残る個体が多いのが特徴。学名が示すように斑紋が帯状に並んで見える個体が多い

ファスキオラータスのアダルト。目立つバンドが特徴

モンタヌス（モンテン）のベビー

Montanus (Monten)
モンタヌス（モンテン）

学名 *Eublepharis macularius montanus*

分布● パキスタン（シンド州南部）

別名モンテンとも呼ばれ、1990年代頃にモンタヌス（モンテン）として輸入されていました。その当時は中型で体色が濃く、黒く大きな斑紋が全身に入るのが特徴の野生個体が主流でしたが、現在は白く淡い体色のブリード個体が流通しています

自然下で採集されたワイルド個体のアダルト

アフガニクスのアダルト。小型で斑紋
が密に入り体色が濃いのが特徴

アフガニクスのベビー

現在、日本では容姿の違う2つのタイプが流通しています。一つは学術的に記載されたアフガニクス亜種の模式標本の特徴を持つもので、他の亜種と比較して小型、体色の黄色や斑紋が濃いタイプ。主にEUやアメリカなどで繁殖されています。もうひとつは大型で斑紋が細かく入り、淡い色合いを持つタイプです。これは、日本に野生個体のヒョウモントカゲモドキが亜種別に輸入され始めた1990年代頃から野生個体の輸入が止まり始めた2000年代前半頃までアフガンの名称で輸入された野生個体を元親として血統維持され、現在も主に国内ブリード個体が流通しています

Afghanicus
アフガニクス

学名 *Eublepharis macularius afghanicus*

分布● アフガニスタン東部（ローガル州、ヴァルダク州、
パクティーカー州）、南東部、パキスタン北西部

アフガンと呼ばれる個体のベビー

国内で血統維持されてきた
アフガンと呼ばれるアダルト。
体色が淡いのが特徴

ノーマル、ハイイエロー

野生個体から殖やされ、色彩が野生個体と同じような個体は一般にノーマルと呼ばれます。さらに選別交配により誕生した黄色みの強い個体や、黄色の面積が広い個体がハイイエロー。しかし野生個体がなかなか入手できない現在、ノーマルと称される個体はハイイエローから出現した個体であることが多くなりました

野生個体と似た色彩を持つノーマル。
模様や色の濃淡は個体により様々

Normal
ノーマル

High Yellow
ハイイエロー

ハイイエローとは黄色みが強い（多い）という意味。ヒョウモントカゲモドキの改良は、このハイイエローの誕生により加速しました

タンジェリン系とそのコンボモルフ

タンジェリンとは、かんきつ類の一種（マンダリンと同種）の名称。ハイイエローの選別交配により誕生したオレンジ色の強い個体をタンジェリンと呼びます。ただし、最近はタンジェリンが少なく、ハイポタンジェリンやエメリンにその面影が見られます

Tangerine Jungle
タンジェリンジャングル

オレンジの発色が特徴のタンジェリンに複雑な黒斑模様（ジャングル模様）が入る個体は、一般にタンジェリンジャングル（ジャングル＝密林）と呼ばれます

略してハイタンとも呼ばれます。ハイポとはハイポメラニスティック（Hypomelanistic）のことで、黒色色素減少の意味。黒の色素が少ないと印象が大きく異なります

Hypo Tangerine
ハイポタンジェリン

模様の異なるハイポタンジェリン

エメリンを背部から

Emerine
エメリン

エメリンとはエメラルド（Emerald）＋ タンジェリンのこと。背部に薄く緑の発色があるエメラルドとオレンジに発色するタンジェリンの特徴を持つ、美しいモルフです

W&Y Emerine
W&Yエメリン

コンボ
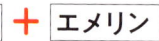

W&Yはホワイト＆イエローの略で、ヨーロッパからもたらされたモルフ（P116参照）。これとエメリンを交配して誕生した個体は、エメラルドとオレンジの発色がより強く表現されるのが特徴です

マックスノー系とそのコンボモルフ

マックとはアメリカのブリーダーであるジョン・マック（Jhon Mack）氏のこと。スノーは雪で、体が白っぽいことからの命名です。基本のマックスノーのほか、スーパーマックスノーやギャラクシーなども知られます

Mack Snow
マックスノー

マックスノーは、ふ化した時は白黒のモノトーンですが、多くの個体は成長に従い黄色が薄く発色してきます

マックスノー同士を交配して誕生した、白さが際立つモルフ。黒いウルウル目で、一躍人気者になりました

Super Mack Snow
スーパーマックスノー

Galaxy
ギャラクシー

コンボ

スーパーマックスノー ＋ エクリプス

ギャラクシーは銀河の意味。白い地色に黒いスポットが星のように散りばめられます

多くは鼻先が白く抜けるのが特徴ですが、写真の個体のように白く抜ける部分が多いものはパイドギャラクシーと呼ばれることもあります

W&Y Mack Snow
W&Y マックスノー

コンボ

ホワイト＆イエロー ＋ マックスノー

マックスノーとW&Yのコンボ。黒のスポットの出方と、白抜けの多少は個体により様々です

TUG スノー系とそのコンボモルフ

TUG とは作出したカナダの The Urban Gecko 社の頭文字を取ったもの。TUG スノーと他のモルフの交配により TUG スノーゴーストやファントムなどが作出されています

TUG Snow
TUG スノー

スノーの名の通り、つや消し白の淡い色合いが目をひきます

選別交配によって、より白さが強調された個体

Hypo TUG Snow
ハイポ TUG スノー

TUG スノーの黒色色素が減少したハイポ個体。基本のTUGスノーと比べ白い面積が広くなります

TUG Snow Ghost
TUG スノーゴースト

コンボ

TUG スノー	+	ハイポメラニスティック

ハイポメラニスティックまたはスーパーハイポメラニスティックとの交配により、スポットが減少し黒の色彩が灰色や茶褐色になるのが特徴

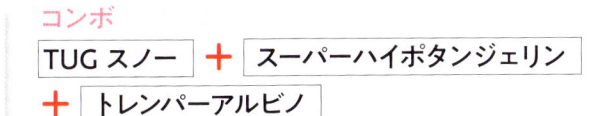

Phantom
ファントム

コンボ

| TUG スノー | + | スーパーハイポタンジェリン |
+ | トレンパーアルビノ |

> アルビノが加わることでガラリと色彩が変わります。TUG ファントムと呼ばれることも

W&Y Goblin
W&Y ゴブリン

コンボ

| ホワイト＆イエロー | + | TUG スノー |
+ | トレンパーアルビノ | + | スーパーハイポタンジェリン |
+ | エクリプス |

> 複数のコンボにて誕生した白地に黄色とオレンジの発色が特徴のモルフ。この個体は目がスネークアイ

トレンパーアルビノ系とそのコンボモルフ

トレンパーとはアメリカの著名なブリーダーであるロン・トレンパー（Ron Tremper）氏のことで、彼が固定したアルビノのこと。爬虫類のホビー界でいうアルビノとは、完全に黒色色素が消失した個体だけでなく、黒色色素が抑えられた個体も含めます

トレンパーといえば、このアルビノのことを指すくらいに有名。様々なコンボに使用されています

Tremper Albino
トレンパーアルビノ

Mack Snow Tremper Albino
マックスノートレンパーアルビノ

マックスノーアルビノといえば、このモルフのことを指します。ふ化した時はモノトーンのアルビノですが、多くは成長に従い黄色が薄く発色してきます

コンボ
マックスノー ＋ トレンパーアルビノ

Super Mack Snow Tremper Albino

スーパーマックスノー トレンパーアルビノ

スーパーマックスノーになると薄茶色の点線やドット模様になります

コンポ

| スーパーマックスノー | + | トレンパーアルビノ |

Tremper Sunglow

トレンパーサングロー

サングローは朝焼けや陽光の意味。鮮やかな黄色やオレンジの体色で、尾にはオレンジが発色します

コンポ

| スーパーハイポタンジェリン | + | トレンパーアルビノ |

Tremper Snowglow
トレンパースノーグロー

サングロー（トレンパーアルビノ＋スーパーハイポタンジェリン）とマックスノーのコンボということで、macksnow + sunglow = snowglow。サングローよりも淡い色合いにオレンジが部分的に発色するのが特徴です

コンボ

トレンパーアルビノ	**＋**	スーパーハイポタンジェリン	**＋**	マックスノー

これはトレンパースノーグローのオレンジの発色が強い個体

Snowglow RAPTOR
スノーグローラプター

コンボ

トレンパーアルビノ	**＋**	スーパーハイポタンジェリン

＋	マックスノー	**＋**	エクリプス

白地や淡い黄色地にオレンジが発色し、独特の色彩を見せます

RAPTOR
ラプター

コンボ

トレンパーアルビノ

+ パターンレスストライプ

+ ハイポタンジェリン + エクリプス

ラプターとはレッドアイ (R)、アルビノ (A)、パターンレス (P)、トレンパー (T)、オレンジ (OR) の略。オレンジの色彩と赤い目が特徴です

ラプターはパターンレスの個体は少ないのが現状で、ストライプ模様などが多く、バンドになった個体はバンデッドラプターと呼ばれることも

W&Y Tremper Albino
W&Y トレンパーアルビノ

トレンパーアルビノに W&Y が入ると白、黄、オレンジなどが明瞭に表現されます

コンボ

ホワイト＆イエロー ＋ トレンパーアルビノ

W&Y Tremper Snowglow
W&Y トレンパー スノーグロー

より白い地色に、黄色やオレンジが強く発色するものもいます

コンボ

ホワイト＆イエロー ＋ スーパーハイポタンジェリン
＋ マックスノー ＋ トレンパーアルビノ

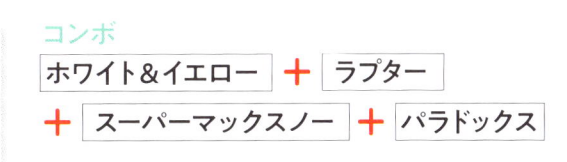

W&Y Super RAPTOR Paradox

W&Y スーパーラプター パラドックス

コンボ
ホワイト＆イエロー ＋ ラプター
＋ スーパーマックスノー ＋ パラドックス

パラドックスとは矛盾という意味で、通常考えられない表現を見せる個体がそう呼ばれます。写真の個体は、後ろ足の付け根に黄色の斑紋が出現したパラドックスです

Tremper Albino Bandit

トレンパーアルビノ バンディット

コンボ
トレンパーアルビノ ＋ バンディット

バンディットの特徴が明瞭に表現されたアルビノ個体

ベルアルビノ系とそのコンボモルフ

ベルとはアメリカのブリーダーであるマーク・ベル（Mark Bell）氏のこと。彼が固定したアルビノはベルアルビノと呼ばれ、他のアルビノよりも目の色彩がより明るいレッドアイであるのが特徴です

Bell Albino
ベルアルビノ

アルビノといっても黒以外の色彩は現れ、ベルアルビノは模様が濃くはっきりしています

体色、模様の表現は個体により様々

Bold Stripe Bell Albino
ボールドストライプベルアルビノ

コンボ
ボールドストライプ ＋ ベルアルビノ

ボールドストライプとは明瞭なストライプという意
味で、アルビノでも模様ははっきりしています

Mack Snow Bell Albino
マックスノーベルアルビノ

コンボ
マックスノー ＋ ベルアルビノ

マックスノーとのコンボ。成長に
従って黄色が薄く発色します

Bell Snowglow
ベルスノーグロー

トレンパースノーグローと体色は大差ありませんが、目はベルアルビノの特徴を見せます

コンボCOMBO

スーパーハイポタンジェリン ＋ マックスノー ＋ ベルアルビノ

スーパーマックスノートレンパーアルビノに比べると斑紋の色彩が濃い傾向が見られます

Super Mack Snow Bell Albino
スーパーマックスノー
ベルアルビノ

コンボCOMBO

スーパーマックスノー ＋ ベルアルビノ

RADAR
レーダー

コンボ

ベルアルビノ ＋ エクリプス

アメリカの JMG Reptile 社により作出されました。RADARは RAPTOR（ラプター）のベルアルビノ版です

レーダーのジャングルタイプ

レーダーのストライプタイプ

レーダーのバンドタイプ

Mack Snow RADAR
マックスノーレーダー

レーダー ＋ マックスノー

レーダーにマックスノーが入ることにより、白色や淡い黄色の色彩になります

Super RADAR
スーパーレーダー

レーダー ＋ スーパーマックスノー

濃い茶色のスポットが線状に入り、赤い目を持ちます。また、多くは鼻先や前足などが白抜けします

妖しく美しく輝くレッドアイ

W&Y Sunglow RADAR
W&Y サングローレーダー

コンボ
| ホワイト＆イエロー | ＋ | ベルアルビノ |

＋ | スーパーハイポタンジェリン |

＋ | エクリプス |

W&Y の血によって鮮やか
な色彩表現を見せます

W&Y Mack Snow Bell Albino
W&Y マックスノーベルアルビノ

個体差により複雑な色彩、模
様の表現を見せる複合モルフ

コンボ
| ホワイト＆イエロー | ＋ | マックスノー | ＋ | ベルアルビノ |

レインウォーター系とそのコンボモルフ

レインウォーターとはアメリカのブリーダーであるティム・レインウォーター（Tim Rainwater）氏のこと。彼が固定したアルビノはレインウォーターアルビノと呼ばれます。他のアルビノよりも色彩が淡いのが特徴です

Rainwater Albino
レインウォーターアルビノ

他のアルビノに比べると模様が不明瞭

レインウォーターにハイポタンジェリンの血が入ると独特の蛍光オレンジや赤色の発色が強くなります

Rainwater Sunglow
レインウォーターサングロー（ファイアウォーター）

コンボ

レインウォーターアルビノ
＋ スーパーハイポタンジェリン

成長に従って黄色が現れ、淡い色彩になります

Mack Snow Rainwater Albino

マックスノー
レインウォーターアルビノ

コンボ

マックスノー

+ レインウォーターアルビノ

Super Mack Snow Rainwater Albino

スーパーマックスノー
レインウォーターアルビノ

淡い色彩に細かい斑紋が並びます。他のアルビノに比べ模様は薄くなります

コンボ

スーパーマックスノー + レインウォーターアルビノ

Super Typhoon

スーパータイフーン

> スーパーマックスノーレインウォーターアルビノにエクリプスの血が入ると、さらに淡い色彩になり、模様もかなり薄くなります

コンボ

タイフーン（レインウォーターアルビノ＋エクリプス）

＋ スーパーマックスノー

W&Y Rainwater Sunglow

W&Y レインウォーターサングロー
(W&Y ファイアウォーター)

コンボ

ホワイト＆イエロー

＋ レインウォーターアルビノ

＋ スーパーハイポタンジェリン

> レインウォーターサングローに W&Y の血が入ると、濃淡のある繊細な色彩になります

エクリプス系とそのコンボモルフ

エクリプスとは日食や月食を意味し、目に変異が見られます。目の虹彩全体が黒い、いわゆるウルウル目のソリッドアイまたはフルアイ、虹彩が半分だけ黒いものをハーフアイ、それより黒い部分が少ないものをスネークアイと呼びます

このウルウル目でヒョウモントカゲモドキにはまってしまう人も多いようです

Eclipse
エクリプス

他のモルフとのコンボによっては目の変異の他に、ハイポのように全体的に淡く色抜けする作用があり、いろいろな交配に使用されています

Mack Snow Eclipse
マックスノーエクリプス

> マックスノーとのコンボで全体的に
> 淡く落ち着いた色合いになります

コンボ

| マックスノー | ＋ | エクリプス |

W&Y Mack Snow Eclipse
W&Y マックスノーエクリプス

コンボ

| ホワイト＆イエロー |
| ＋ | マックスノー | ＋ | エクリプス |

> W&Y、マックスノー、エクリプスのコンボで、部分
> 的な白抜けと全体的に淡い色彩が表現されます

マーブルアイ

目の変異。2006 年に A & M Geckos のブリード個体の中から見つかった目の変異個体を後に固定したもの

虹彩部分に黒い色彩が現れる（写真提供／やもはち屋）

Marble Eye Tangerine
マーブルアイ
タンジェリン

目の変異であるマーブルアイはエクリプスとは異なり体色に影響を与えません

マーブルアイの表現を見せる個体（写真提供／やもはち屋）

マーフィーパターンレスのコンボモルフ

マーフィーパターンレスはパット・マーフィー（Pat Murphy）氏により作出されたモルフ。ベビーの頃は斑紋がありますが、成長に従って模様は消失します

> パターンレスにトレンパーアルビノの血が入ることで黄色みが強くなり、すっきりとした印象になります。パターンレスなので模様はありません

Tremper Albino Murphy Patternless
トレンパーアルビノ マーフィーパターンレス

コンボ COMBO

| トレンパーアルビノ | ＋ | マーフィーパターンレス |

ブリザードのコンボモルフ

ブリザードはパターンレスの数年後に発表された白い品種で、ベビーの頃から模様が出現しません

Mack Snow Blizzard
マックスノーブリザード

コンボ
ブリザード + マックスノー

写真の個体のような目が黒い個体が出現することがありますが、エクリプスとは違い遺伝はしません。また、グレーの色みが強い個体をミッドナイトブリザードと呼ぶこともあります

Bell Blazing Blizzard
ベルブレイジングブリザード

コンボ
ベルアルビノ + ブリザード

他のアルビノを交配したブレイジングブリザードよりも瞳の色が明るいのが特徴です

ジャイアントのコンボモルフ

スーパージャイアントはトレンパー氏により作出された大きくなるモルフです。その定義はオスで100g 以上、メスで 90g 以上とされており、オスのアダルトではまれに 180g に達する個体もいます

スーパージャイアントの複合モルフ。他の品種よりも大きく迫力があり、頭が大きく、身体や四肢、尾が長くなるのが特徴

Super Giant Bold Stripe Mack Snow

スーパージャイアント
ボールドストライプマックスノー

コンボ

スーパージャイアント + ボールドストライプ + マックスノー

ブラック系

黒を強調したモルフ。ブラックナイトやカーボン、チャコールといった新たなモルフなどもリリースされています

アダルトのメス個体

ブラックナイトのベビー。体色の濃淡には個体差があります

アダルトのオス個体。ブラックナイトは長い年月を経て誕生したモルフです

Black Night
ブラックナイト

オランダのブリーダー Ferry Zuurmond 氏によって作出された黒色系モルフ。別系統の黒色系モルフや黒色系以外のモルフとの掛け合わせも行なわれています

Sumi Black
スミブラック

通常のモルフよりも黒の色彩がさらに濃くなり、メリハリのある模様が特徴です

ホワイト系

白く模様の入らないホワイト系にはベルアルビノのコンボモルフであるホワイトナイトや、トレンパーアルビノから作られたディアブロブランコなどがよく知られています

ホワイトナイトのアダルト

White Knight
ホワイトナイト

ベルアルビノのコンボモルフ。白い騎士という名称通りの白一色の体と、赤い瞳が特徴です

ホワイトナイトのベビーは
透明感のある白さ

トレンパー氏によって発表された、真っ白な体に赤い瞳を持つモルフ。このモルフにスノーが入れば、より白さが際立ちます

Diablo Blanco
ディアブロブランコ

赤系（タンジェリン系）とそのコンボモルフ

タンジェリン系の交配から選抜された赤みの強い個体は、他のモルフとも積極的に交配されています

Tangerine Tremper Albino
Carrot Tail

タンジェリン
トレンパーアルビノ
キャロットテール

鼻先から尾まで鮮やかなタンジェリンに発色し、アルビノが加わることでさらに明るい印象になります

コンボ
タンジェリン ＋ トレンパーアルビノ

コンボ
ウッドブラウンアルビノ ＋ ハイポタンジェリン

Wood Brown
Hypo Tangerine Albino

ウッドブラウン
ハイポタンジェリンアルビノ

スミブラックのアルビノであるウッドブラウンアルビノとハイポタンジェリンのコンボモルフ。成長に従って模様に濃淡の変化が見られる個体が多い

アフガニクス亜種とされる一タイプとタンジェリンを交配して作出されたモルフ

撮影／冨水 明

Afghan Tangerine
アフガンタンジェリン

コンボ
アフガニクス亜種 ＋ タンジェリン

その他のモルフ

その他の人気のモルフや、交配によく利用される重要なモルフをピックアップします

Enigma
エニグマ

エニグマとは謎という意味。目に変異が出たり、小斑点が密に入ったりする特徴的な色彩を見せますが、うまく歩行できないなどの神経障害が出ることが多いモルフです

BEE
ビー

エニグマにエクリプスを交配したもの。BEE はブラック (Black)、アイ (Eye)、エニグマ (Enigma) の頭文字を取った略称

コンボ
| エニグマ | + | エクリプス |

東ヨーロッパのベラルーシの Prohorchik Reptiles 社により作出された、エニグマと似た表現を持つモルフ。神経障害の発生が少ないため、近年エニグマに代わり注目されています

W&Y
ホワイト＆イエロー

鼻の上のバンドが盗賊のヒゲを思わせる!?

Bandit
バンディット

バンディットとは盗賊のこと。トレンバー氏により作出されたモルフで、鼻の上側にヒゲのようなバンドが現れるのが特徴です

こちらにもバンディットに特徴的な鼻の上のヒゲがあります

Bandit Tangerine Jungle
バンディットタンジェリンジャングル

コンボ

バンディット	＋	タンジェリン

＋ ジャングル

オレンジ色が強く発色し、ボールドストライプではなくジャングル模様になります

Reverse Stripe Bandit
リバースストライプバンディット

コンボモルフの作出、固定には何世代も要するバンディットですが、色々なモルフとの組み合わせが試みられています。背骨に沿ってラインが入るのがリバースストライプ。ジャングルと比べると模様の違いがよくわかります

スノーの淡い体色にメリハリのあるくっきりとしたボールドのストライプが背骨の両サイドに入ります

Mac Snow Bold Stripe

マックスノー ボールドストライプ

Red Stripe

レッドストライプ

背部の中心が色抜けして、その脇が赤〜濃いオレンジ色になります

オバケトカゲモドキと暮らす方法

ヒョウモントカゲモドキと同じような姿形で大型になるオバケトカゲモドキ。ここでは、ヒョウモントカゲモドキからのステップアップとして飼われることが多いオバケトカゲモドキについて、飼育のポイントや魅力的な地域個体群を紹介します

Kermanshah
ケルマンシャー

イラン西部のケルマンシャー州の高地に生息する地域個体群。骨太でがっしりしているマッチョ体型で、オスは頭部が大きくなる傾向が見られます。体色は黄色みが強くなります

ケルマンシャーのアダルト。大柄で頭部が大きく、地域個体群のなかでは特に大きく感じられます

ケルマンシャーのベビー。いずれの地域個体群もベビーの模様はよく似ています

オバケトカゲモドキ

学名 *Eublepharis angramainyu*

英名● Western Leopard Gecko（ウェスタンレオパードゲッコー）、Iranian Leopard Gecko（イラニアンレオパードゲッコー）
分布●イラン、イラク、トルコ、シリア
全長●オス 25 〜 30cm、メス 23 〜 26cm
体重●オス 70 〜 100 g、メス 60 〜 80g
寿命●飼育下では10年以上

● オバケトカゲモドキの飼い方

現在流通しているのはイランに分布する5つの個体群です。ここでは4つの個体群を掲載していますが、いずれも同様の方法で飼育することができます。ただし、ヒョウモントカゲモドキよりも繊細な面があるのでポイントをしっかり押さえることが大切です。

飼育の基本はヒョウモントカゲモドキと同様ですが、大型になるためケージサイズは単独の場合は幅60cm以上、ペアでは幅90cm以上は必要です。寒さには強いですが暑さには弱く、夏場に35℃以上が続くと危険。長期高温で飼育していると太って短命に終りやすくなります。温度は約25〜30℃、湿度は昼間60%、夜間80%ほどを維持しましょう。本州の低地などでは加温せずに飼育できると思います。ただし、低温乾燥の環境では状態を崩しやすいので注意します。

■飼育のポイント

Point!

●長期の高温飼育はしない
●ケージは幅 60cm以上
●冬期は 10 〜 15℃でクーリング

また、冬場にクーリングして冬眠させることもポイントになり、ヒョウモントカゲモドキよりも低温の10〜15℃くらいでクーリングすると状態よく飼育できます。ベビーの場合、1年目の冬は加温して飼育し、2年目以降から徐々に低温に慣らしてクーリングするといいでしょう。

現地では昆虫類のほか小さなトカゲやサソリなども捕食しているといい、飼育下ではコオロギやデュビアなどの昆虫類が良い餌になります。

なお、ヒョウモントカゲモドキよりも大きくハンドリングは危険なため、注意して扱いましょう。

Ilam
イーラム

イラン西部のイーラム（イーラーム）州の山岳地帯に生息する地域個体群。淡い体色にスマートな体型が特徴で、地域個体群のなかでは全長が最も長くなると思われ、成長が早い傾向が見られます

Khuzestan (Tchoga Zanbil)
フゼスタン（チョガ・ザンビール）

イラン南西部のフゼスタン（フーゼスターン）州西部チョガ・ザンビールに分布する地域個体群。寸胴でヒョウモントカゲモドキのような体型に、濃い茶褐色の体色も特徴。性成熟するまでに約3年と、やや時間がかかる傾向が見られます。同州の中東部にある都市マスジェデ・ソレイマーン（Masjed Soleyman）からも地域個体群が知られていますが、日本に輸入された個体はわずかでした。マスジェデ・ソレイマーンに比べてチョガ・ザンビールは標高が低く、ここの個体群は低地型とされることもあります

Fars
ファールス

イラン南部のファールス州に分布する地域個体群。地域個体群のなかではサイズが小さめで、模様がはっきりとしていてメリハリがあります

将来の夢は ヒョウモントカゲモドキ のいる 小さな 動物園 開業!

バンディットのムース。メス2歳。ハーレムで飼育中。西山さんによれば、どうやら抱卵中のよう

ヒョウモントカゲモドキの飼育ケージ。60×45×45cmの水槽では繁殖を狙ってオス1匹とメス3匹のハーレム飼育

ビルの一室はペット専用部屋！ 多くの生き物に囲まれた生活

　将来はヒョウモントカゲモドキもいる小さな動物園や、カフェを開いてみたいと語るのは、西山真鷹さん。とにかく生き物が大好きで、爬虫類はカリフォルニアキングスネーク、コーンスネーク、哺乳類はショウガラゴにピグミースローロリス、アカハナグマ、リスザル、鳥はハリスホーク、サバクコノハズク、魚類はイエローピラニアなどを飼育中。す

癒しのペットルームでくつろぐ西山さん。後方がヒョウモントカゲモドキの飼育スペース。中央右にはフトアゴヒゲトカゲの姿も。これでも部屋の一角。まだ周囲にはケージや水槽が置かれ、別の部屋は猛禽類の飼育スペースになっている。ちなみに抱っこしているのはアカハナグマのレムちゃん。撮影時で年齢2ヵ月。近所を散歩すると、すれ違う人に驚かれるとか

◆ 西山さんのヒョウモントカゲモドキ飼育データ

飼育歴	1年半
個体の名前／モルフ／年齢／性別／サイズ	タイガ（バンディット2歳♂）／ジャンボ（モルフ不明・2歳♀）／ムース（バンディット・2歳♀）／チョコ（アルビノハイイエロー・1歳♀）／モナカ（アルビノ・1歳♀）／プッチン（モルフ不明・2歳♂）
ケージのサイズ	60×45×45（H）cm（ジェックス）、60cmガラス製、30cmアクリル製
基本温度・湿度の設定	ケージ内は27℃、ヒーター部分はさらに高温。湿度は昼間50〜70%を維持
保温器具の種類	60cm水槽にそれぞれパネルヒーター×1、サーモ（ジェックス）で温度管理
床材	フロッグソイル（スドー）、抱卵中のメスのケージは湿らせたバーミキュライト
餌	コオロギ、シルクワーム
サプリメント	カルシウム（ジェックス）をコオロギにダスティング
給餌頻度	2日に一度コオロギを食べるだけ。シルクワームを週一度
メンテナンス	毎日フンを取り出し、ウェットシェルターおよび水入れの水を換える。床材は臭いが出たら交換
その他	観賞時に赤系のLEDライトを点灯

でに動物園状態ではないですか！　こうなったのも理由があるそう。実は幼少期は団地住まいで、生き物が飼いたくても我慢せざるをえない環境だったとか。そんな西山さんが社会人となり独り立ちすると、飼育への欲求が爆発し、現在のようになったというわけです。

しかし、ただ飼うだけでなくペットショップから連れ帰った子は、今まで以上に健康で状態良く飼ってあげたい、というのが西山さんのポリシー。12年前に初めて購入したフクロモモンガは見事に繁殖し、現在ではその子孫が、

かわいい姿を見せているなど飼育の腕はしっかりとしています。

これらのペットのために、現在はビルの一室を借りてしまったほど。もちろん国際稀少種は登録済みです、と胸を張る西山さんには、生き物に対する愛情と責任感が確かに感じられます。そんな多くのペットと一緒に、今回の主役ヒョウモントカゲモドキたちも元気な姿を見せてくれました。

アルビノハイイエローのチョコ（メス1歳）。ちょうど脱皮中で吻先から古い皮がむけはじめている

▲ジャンボのための産卵用ケージ。産卵床としてバーミキュライトを厚めに敷いている

◀ジャンボに噛み付かれて尾を自切してしまったプッチンは、幅60cmのケージで単独飼育。元気に動き回っていた

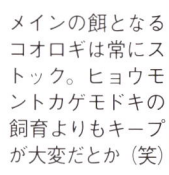

メインの餌となるコオロギは常にストック。ヒョウモントカゲモドキの飼育よりもキープが大変だとか（笑）

▲週一度はカルシウム豊富なシルクワームを与える

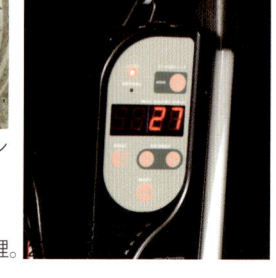

▶ケージ内の温度はサーモで管理。

繁殖をめざして個体を追加 ベビー誕生に期待を込めて

休日はペットショップ巡りを欠かさない西山さん。ヒョウモントカゲモドキとの出会いも、やはりペットショップでした。2013年の9月、初めて見たバンディットにやられてしまったのだとか。

「模様が凄くきれいで、衝撃的でしたね」

西山さんのペットルームは、常に温度が25℃に保たれており、ヒョウモントカゲモドキの飼育にも問題ないことがわかると、すぐにバンディット（オス）を迎え入れました。模様が虎のようでタイガと命名。ヒョウモントカゲモドキと

の生活が始まりました。1年近くをタイガとともに過ごした2014年9月ごろ、繁殖を目指そうとメスのジャンボ（モルフ不明）、ムース（バンディット）、さらにチョコ（アルビノハイイエロー）とモナカ（アルビノ）が加わりました。とてもユニークで、なんだかおいしそうな名前です。

ハーレムで繁殖させようと、オスのタイガにメスを複数で飼育を開始。しかしジャンボが名前のごとく大きいため隔離し、別にお婿さんを迎えました。それが2015年の5月にやってきたプッチン（モルフ不明）です。購入後一緒にすると、翌日には交尾。何度か交尾し、抱卵した模様。今後の産卵のためにバーミキュライトを厚めに敷いた産卵用ケージを用意し、ジャンボを移しました。しかし、無

アルビノのモナカ（メス1歳）。これから脱皮のようで皮が白く浮いてきたところ

初めて飼ったのがバンディットのタイガ（オス2歳）。この模様にびっくりしたそう

ジャンボとの交尾に成功したプッチン（オス2歳）。自切した尾は再生中

抱卵中と思われるジャンボ（メス2歳）

LEOPA HOME 愛のレオパ写真

写真／西山真鷹さん

▼初めてのヒョウモントカゲモドキとなったバンディットのタイガ。まだ表情には、あどけなさが残る

▲めでたく結ばれたプッチンとジャンボを捉えた貴重なカット

毎日観察して健康状態をチェックする西山さん

事に交尾をした2匹でしたが、ジャンボがプッチンの尾に噛み付き、何とプッチンが尾を自切するという悲劇も。その後、尾が再生し始めているので、やがては再生尾となることでしょう。

一方、ハーレム飼育のケージでは、ムースが抱卵しているのではないかとのこと。こちらも期待大です。

日常のケアに関して伺うと、

「コオロギをキープするほうが大変なくらいです（笑）」

それほどヒョウモントカゲモドキは手がかからないそう。一番のお気に入りはバンディットのムースで、アルビノも好きなモルフ。

「ヒョウモントカゲモドキは外見がかっこいいだけでなく、穏やかな性格で気に入ってます」

と語る西山さんのペット選びのポリシーは、珍しさや値段ではなく、本当に自分が気に入ったかどうか。幼少時にペットが飼えなかったぶん、今はよりその思いが強いのだそう。

「将来は、小さなふれあい動物園やカフェを開けたらうれしいですね。そこでみんなに、いろいろな動物がいることを知ってもらえれば」

と夢も語ってくれました。もちろんその動物園には、ヒョウモントカゲモドキもいるのでしょう。西山さんの今後のペットライフがますます楽しみです。

ヒョウモントカゲモドキが かかりやすい病気と対策

丈夫で飼いやすいと言われるヒョウモントカゲモドキですが、飼育下では様々な要因により病気にかかったり、ケガをしたりすることもあります。そこでここでは、よく見られる症例を挙げてみます。解説は多くの爬虫類の症例を手掛けてきた田向健一獣医師が担当します

ヒョウモントカゲモドキが
かかりやすい病気と対策

解説・症例写真
田向健一（田園調布動物病院院長）

ペットとして人気の高いトカゲと聞かれれば、ヒョウモントカゲモドキが挙げられます。動物病院には様々な症状のヒョウモントカゲモドキが多く来院しますが、ここではよく見かける病気について、特徴、症状、検査、治療法を紹介しましょう

1　内部寄生虫疾患

内部寄生虫とは、主に消化管内に住み着く寄生虫のことで、他の爬虫類と同じようにヒョウモントカゲモドキでもよく見られます。健康に見える個体でも糞便検査は大切です。最も一般的な内部寄生虫はクリプトスポリジウム、ギョウ虫、コクシジウムです。クリプトスポリジウムはとても小さな原虫です。ヒトを含む脊椎動物の消化管などに寄生します。

■ クリプトスポリジウム

トカゲ類に寄生して、病原性を示すクリプトスポリジウムは、2種類報告されています。トカゲがクリプトスポリジウム症を発症した場合、食欲不振、体重減少、嘔吐および下痢などの症状を示し、だんだんと痩せてきて死亡することが多いようです。

動物病院では診断にはショ糖浮遊法を用いた糞便検査を行ないます。検出感度が低いため、5回から7回検査を繰り返すことが推奨されています。同時に遺伝子検査、好酸菌染色を行なうことで検出することもあります。

■ ギョウ虫

ギョウ虫はヒョウモントカゲモドキの糞便検査でよく見かける寄生虫ですが、病原性はほとんどないと報告されています。しかしながら、実際にはギョウ虫の大量寄生により衰弱してしまうケースも見受けられます。

■ コクシジウム

コクシジウムも糞便検査で時折検出されますが、無症状から重度の症状を呈するものまで様々です。

下痢が長期間続くと、いきみから脱腸を起こすことがあります。コクシジウムはオーシストと呼ばれる卵のようなものを排泄し、それが糞便内に残り、糞便を

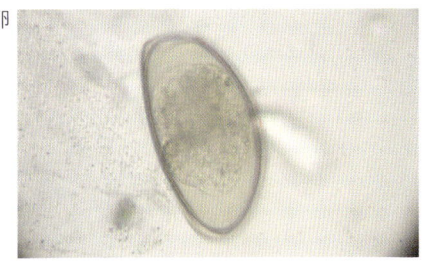

▶ギョウ虫の卵

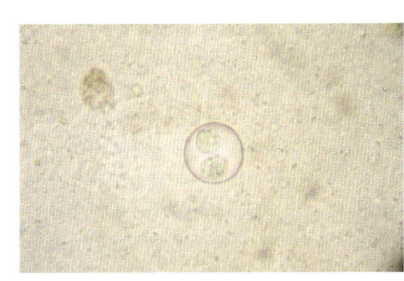

◀コクシジウムの
　オーシスト

▶下痢から脱腸を
　引き起こした状態

摂取することで、再感染します。

これらの内部寄生虫は、虫下しの投与を繰り返してもなかなか根絶できないことがありますが、これはトカゲ自体に付着する糞便あるいは放置された飼育環境内の糞便による自家感染が原因です。虫下しを行なう際には、トカゲの体に糞が付着することを極力防ぐことと、飼育環境の消毒が大切です。

2 消化管閉塞
<small>しょう か かんへいそく</small>

　ヒョウモントカゲモドキは消化管閉塞を起こすことが多いようです。消化管閉塞の原因は砂、砂利、クルミ殻などの床材の摂取によるものが一般的です。

　下剤の投与や浣腸による腸の洗浄で排泄されない場合は、閉塞を起こしている異物を外科的に摘出する必要があります。

3 栄養性疾患
<small>えいようせいしっかん</small>

　栄養性疾患では、代謝性骨疾患が多く見られ、一般的にクル病と呼ばれています。原因は多岐にわたりますが、多くは食餌中のカルシウムが足りず、骨からカルシウムが溶け出すことで生じます。結果的に骨の軟化、脱力感、食欲不振、便秘、骨折、脊椎湾曲が見られるようになります。

　動物病院ではレントゲン検査を行ない、骨がきちんと作られているか確認したり、血液検査を行ない、カルシウム、リン、尿酸などの値を測定します。

　軽症例ではカルシウムの投与に加え、食餌改善で解決します。しかし、血液中のリンと尿酸の値が高く、腎障害が疑われるケースでは点滴などの適切な治療を行なっても回復しないことが多いようです。

　採血は尻尾から行ないます。血液検査で様々な情報を得ることができます。

▶砂の床材を誤飲して胃に溜まった症例のレントゲン写真。白く写っているのが床材

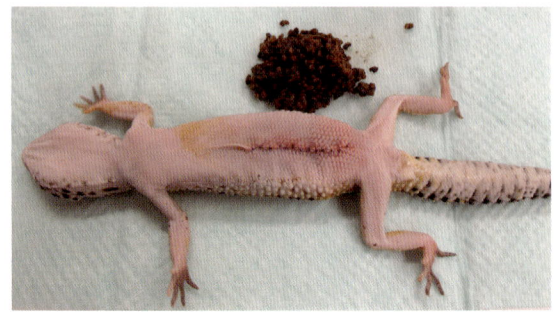

床材を誤飲して腸閉塞を引き起こしたため、外科的に摘出を行なった

クル病によって下顎骨折を引き起こした

クル病によって四肢や背骨の変形が見られる

4 生殖器疾患
せいしょく き しっかん

飼育技術の向上により、動物病院ではヒョウモントカゲモドキの難産や卵胞鬱滞（卵殻ができる前の卵の元が停滞すること）は、以前より見られなくなっています。
らんぽううったい

典型的な症状は食欲不振と、お腹のふくらみで、痩せたメスでは卵殻卵や大きな卵胞を触診によって触ることができます。難産の原因は小さな骨盤あるいは変形した骨盤、低カルシウム血症、骨盤より大きな卵殻卵、脱水、適切な産卵場所の欠如だと考えられています。

■ 卵胞鬱滞

卵胞鬱滞の原因は完全に理解されているわけではありませんが、ストレスや不適切な飼育管理、あるいはホルモンサイクルの乱れによるものと推測されています。

動物病院ではレントゲン検査、超音波検査、血液検査を行ない診断します。小さな骨盤や変形した骨盤の存在あるいは大きな卵殻卵が存在する場合には、手術が必要になります。

各種検査において異常が認められない場合では、補液、飼育環境の改善、適切な産卵場所の提供により解決することもあります。

■ 低カルシウム血症

低カルシウム血症のトカゲに対してはカルシウムの補充を行ない、病的な症状を呈する卵胞鬱滞のトカゲに対しては、積極的な抗生剤による治療と手術が必要になります。

メスのなかには排卵しない大きな卵胞を生じる個体もいますが、後に自然に吸収されることが多いようです。このようなメスは数週間、食欲不振になるので、この期間は体重と健康状態を細かく観察する必要があります。

卵詰まりを引き起こし、外科的に摘出した

5 眼疾患
がんしっかん

ヒョウモントカゲモドキでよく見られる眼の病気は、角膜潰瘍と眼球表面の蓄膿です。
かくまくかいよう　　　　　　　　　　　　ちくのう

■ 角膜潰瘍

角膜潰瘍は、感染症の後遺症あるいは砂や異物による刺激に起因します。動物病院では角膜を染色することで検査をします。染色によって角膜潰瘍が明らかになった場合、抗生物質点眼薬で治療します。角膜潰瘍がない場合には生理食塩水で洗浄した後、消炎剤を含む点眼薬で治療します。

■ 眼球表面の蓄膿

眼球表面の蓄膿は、細菌感染が主な原因と考えられます。蓄膿が見られた場合には、可能な限り膿を洗い流し、抗生物質点眼薬で治療します。一度の治療で完治することは少なく、継続的な治療が必要になるケースが多いようです。

皮膚疾患

皮膚疾患で最もよく見られるものは、脱皮不全、皮下の膿瘍、総排泄腔付近のプラグです。

■ 脱皮不全

脱皮不全はヒョウモントカゲモドキで最も多く見られる病気のひとつで、主に指先、尾の先などの古い皮膚が正常に脱落せずに留まってしまう病気です。放っておくと残った古い皮膚が正常な組織の血流を妨げ、指や尾の壊死を招き、最悪の場合、脱落してしまいます。

過度の乾燥が脱皮不全の原因のひとつとして考えられているので、水皿やウェットシェルターを設置するなどして、飼育環境内の湿度を保つことが重要と考えられます。もしすでに脱皮不全を起こしてしまっている場合は、古い皮膚を水などでふやかし丁寧に取り除くことで解決する場合もありますが、難しい場合には動物病院で適切な治療を受けましょう。

■ 皮下の膿瘍

皮下の膿瘍は、顔や総排泄腔付近に見られることが多いです。同居動物による咬傷、床材やレイアウトグッズによる擦り傷、不衛生な飼育環境などによる細菌感染が原因として考えられます。

治療は膿瘍のある部分の皮膚を切開してチーズ状の膿を摘出します。そして、これ以上感染が進まないように抗生物質の投与を行ないます。繰り返し発生することも多いので、慎重な経過観察が必要です。

■ 総排泄腔付近のプラグ

オスの総排泄腔付近に、干からびた貝柱のようなものがくっ付いていることがあります。これはプラグ（栓子）と呼ばれ、乾燥した精子やヘミペニスの脱皮後の古い皮膚などと考えられています。

健康上大きな問題を起こすことは少ないですが、総排泄腔付近の感染症や蓄膿を起こすこともあるため、可能であれば取り除いた方がよいでしょう。通常ゆっくり優しく引っ張ればプラグは取れますが、なかなか取れないからと言って無理に引っ張ると、ヘミペニスが反転して飛び出してしまうことがあるので注意が必要です。

◀脱皮不全により、古い皮膚が指先に留まっている状態

▶頬にできた膿瘍

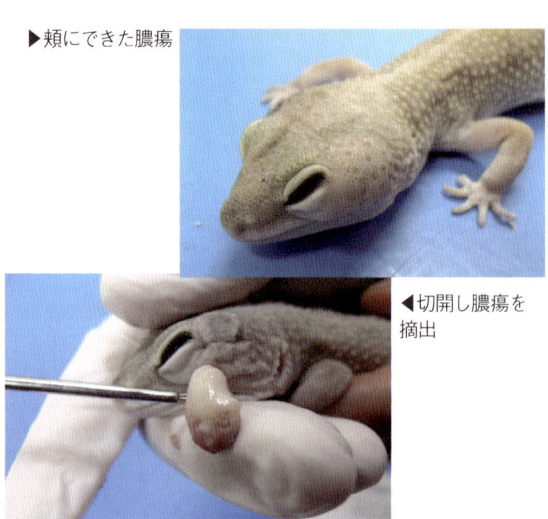

◀切開し膿瘍を摘出

▶オスの尻尾基部がプラグによって膨らんでいる

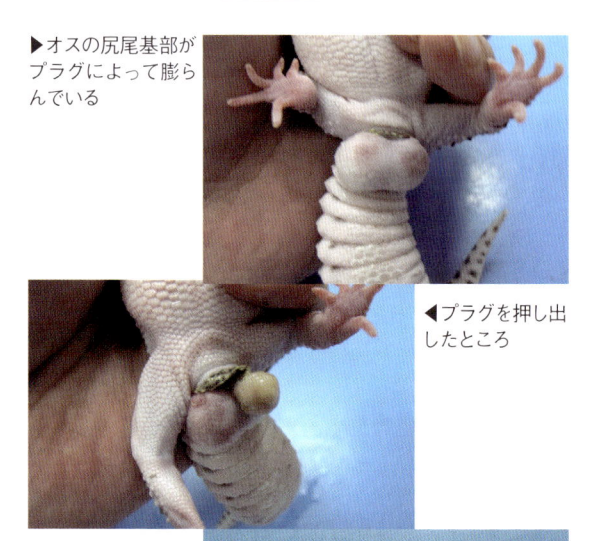

◀プラグを押し出したところ

▶取り出したプラグ。通常左右2つあることが多い

7 外傷 （がいしょう）

　外傷はプレートヒーターによる火傷や、ケージの壁に激突することで生じる鼻先の擦り傷が最もよく見られます。これは不適切な飼育環境が原因です。熱源との距離、ケージの広さを見直す必要があります。

　骨折は低カルシウム血症、ハンドリング時の落下によって生じることが多いようです。オス同士による喧嘩傷もよく起こします。

喧嘩によって起きた裂傷

8 腫瘍 （しゅよう）

　ヒョウモントカゲモドキにも、大腸の腺癌などの腫瘍の発生が認められます。生きている間に診断、治療を行なえるケースは少なく、多くは死亡後の解剖検査にて判明します。今後は生前診断と治療法の確立が望まれます。

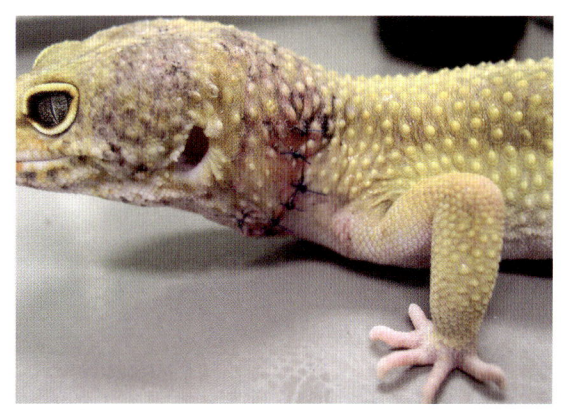

傷口を縫合したところ

9 神経症状 （しんけいしょうじょう）

　ヒョウモントカゲモドキは上を向く、のけぞる、回転する、転ぶ等の神経症状を示すことがあります。突然発症することが多く、特にエニグマと呼ばれる品種に多く見られることから遺伝的な問題の関与が考えられていますが、その原因の多くは不明です。

　神経保護、抗炎症を目的とした治療を行ないますが、多くの場合、治療への反応がよくありません。今後は原因の解明と治療法の確立が望まれます。

ヒョウモントカゲモドキの病気に関するQ&A

ヒョウモントカゲモドキに関してよくある質問に、田向獣医師が答えてくれました

Q 目ヤニが付いている

10cmほどの個体を飼育しています。どうやら目ヤニが付いているようなのですが、病気でしょうか?

A ヒョウモントカゲモドキの目ヤニが認められた場合、動物病院では目ヤニを採取して、顕微鏡検査を行ないます。同時に角膜の傷を確認するために角膜染色を行ないます。

実際には細菌感染や異物による角膜外傷が多く、抗生物質の点眼薬で治療します。ウイルスの感染は完全に否定することはできませんが、一般的な動物病院ではウイルス感染の有無を確認できないのが現状です。

健康な個体は目に輝きがあり、目ヤニは付いていない

Q 原虫症について

クリプトスポリジウムなど、原虫類について教えてください。今飼っているヒョウモントカゲモドキに加え、さらに購入を考えていますが、原虫に感染していないか不安です。原虫に感染すると、どんな症状が出るのでしょうか? 購入時に感染しているかを見分ける方法、感染を防ぐ方法があれば教えてください。

A クリプトスポリジウムは、アピコンプレックス門に属するとても小さな原虫です。ヒトを含む脊椎動物の消化管などに寄生します。トカゲ類に寄生して、病原性を示すクリプトスポリジウムは、2種類報告されています。トカゲがクリプトスポリジウム症を発症した場合、食欲不振、体重減少、嘔吐および下痢などの症状を示し、だんだんと痩せてきて死亡することが多いようです。

糞便は健康のバロメータ。日常的なチェックを心がけたい

動物病院では、診断にはショ糖浮遊法を用いた糞便検査を行ないます。検出感度が低いため、5〜7回検査を繰り返すことが推奨されています。同時に遺伝子検査、好酸菌染色を行なうことで検出することもあります。

新しくトカゲをお迎えする際には、まず動物病院で糞便検査をしてもらいましょう。感染が確認された場合は、徹底した隔離飼育が推奨されています。

Q 血の混じった液体を排泄する

ヒョウモントカゲモドキの排泄で質問です。血のような排泄がありました。何かの病気でしょうか？

A ヒョウモントカゲモドキの糞便は通常、濃い茶色から黒色です。また、爬虫類は子宮を持たないため、子宮壁が剥がれおちることで生じる生理は起こりません。血のような色の排泄物は、消化管や総排泄腔、あるいは腎臓や尿管のどこかで出血している可能性があります。

糞便検査、総排泄腔の視診、レントゲン線検査、超音波検査、血液検査によって出血部位をできる限り特定し治療します。

● 田向健一

田園調布動物病院院長。愛知県出身。1998年麻布大学獣医学科卒業。幼少より動物好きで、それが高じて獣医師を目指す。爬虫類や小動物医療の経験が豊富で、エキゾチックアニマルの医療向上を目指して、診療、啓蒙を行なっている。現在、購入して20年になるヒョウモントカゲモドキと暮らしている

◆田園調布動物病院ホームページ　dec-ah.com

Q クル病について

ヒョウモントカゲモドキの病気には、クル病という病気があると聞きました。どのような病気で、予防は可能でしょうか？

A クル病とは代謝性骨疾患の別名です。主に、食餌中のカルシウムが不足している場合に発生する病気です。骨からカルシウムが溶け出してしまうことで骨の軟化、脱力感、食欲不振、便秘、骨折、脊椎湾曲が見られるようになります。

毎回の食餌には、カルシウムを加えることが大切です。いったん曲がってしまった骨は、元には戻りません。

健康な個体は四肢がしっかりしている

「飼育に関する情報や技術が発達した現在だからこそ、原点に戻りヒョウモントカゲモドキを見つめ直したい」

TCBF (TERAO CASTLE BREEDING FARM) 代表／寺尾佳之

淡路島の自然豊かな環境でヒョウモントカゲモドキのブリーディングに取り組む寺尾氏。飼育について熱く語る

私がこれまでヒョウモントカゲモドキの飼育・繁殖に携わってきた経験が、何かひとつでも読者の方のプラスになり、ヒョウモントカゲモドキの魅力をお伝えすることができればと思い、この「ヒョウモントカゲモドキと暮らす本」の監修をさせていただきました。

爬虫類に興味を持つきっかけは、皆さん様々だと思います。現在、日本で購入可能な爬虫類は様々ありますが、その中で代表的なヤモリと言えば、間違いなくヒョウモントカゲモドキの名前が出てくることでしょう。

以前は今ほどモルフが多くなく、ワイルド個体とブリード個体が少し出回る程度でした。しかし、現在では海外、国内のブリード個体が主流で、ワイルド個体に依存しない立派なペットになりました。そして、様々なモルフが世界のブリーダーにより作出され、今やヒョウモントカゲモドキは初心者のみならず、多くのマニアを魅了する存在です。

私もその一人です。ヒョウモントカゲモドキだけには止まらず、今まで様々な生き物に魅了されてきましたが……（笑）。

爬虫類飼育と言えば、昔は専用の器具なども少なく、もちろんインターネットもないため、四苦八苦しながら専門の洋書を訳し、手探り状態での飼育でした。現在は器具も餌も充実し、飼育書なども多数販売され、飼育技術も発達しました。その充実した現在だからこそ、もう一度原点に戻り、ヒョウモントカゲモドキを見つめ直す良い機会だと思います。

本書を手に取っていただければ、これからヒョウモントカゲモドキの飼育を始めようと思っている方や、ヒョウモントカゲモドキが大好きで、すでに飼育されている方にも、生態や飼育環境などについての基礎知識のほか、新しい発見や、さらなる魅力を見つけていただけることと思います。

ヒョウモントカゲモドキは丈夫で多少の環境変化にも強く、簡単な設備があれば飼育はできてしまいます。ですが、裏を返せば間違った飼育環境でも飼えてしまい、繁殖をもすることがあります。しかし、これは飼育と言うより「生かしている」と言ったほうが正しいかもしれません。たとえ丈夫なヤモリでも、長く付き合うためには、より良い環境で飼育することが大切なのは言うまでもないはずです。

ヒョウモントカゲモドキは寿命の長い生き物です。正しい基礎知識があれば、10年以上の長期飼育も可能です。原産地の環境に似せた雰囲気のあるレイアウトで飼育するもよし、色々なモルフを集めるのもよし。飼育経験を積めば繁殖も楽しめます。そして繁殖を極めてオリジナルモルフの作出を目指すことも可能なのです。

初心者からマニアまで多くの人に長く愛されてきたという事実が、ヒョウモントカゲモドキの魅力を証明しています。そんな魅力溢れるヒョウモントカゲモドキとの暮らしを、ぜひ楽しんでください。

「この本の取材を進める過程で、
私が抱えていた飼育失敗のトラウマも解消されていきました」

企画・編集・撮影担当／大美賀 隆

　本書は、前作「フトアゴヒゲトカゲと暮らす本」に続く爬虫類の飼育書となります。前作のフトアゴヒゲトカゲの場合もそうでしたが、そもそも爬虫類を飼育したことのない人にも理解できる飼育書を作ろう、ということが出発点です。

　実は告白すると、私はヒョウモントカゲモドキにはトラウマがありました。今からおよそ30年も前ですが、知人より譲り受けたノーマル個体を飼育したことがあったのです。当時はケージの底に新聞紙を敷き、エアコンで20℃を下回らないように室温管理していました。確か、脱皮の時は湿度を上げてやると教わった気がします。しかし、今考えれば明らかに根本的に湿度が足りない状態で、案の定というか脱皮不全となってしまい、上手に飼えませんでした。名前は「モンちゃん」と言いましたが、モンちゃんには、とてもかわいそうなことをしてしまいました。

　そして、いざ本の制作です。飼育について一から調べていくうち、以前では考えられないほどインターネット上には飼育情報があふれ、飼育器材も充実していて、飼育書などいらないのでは、とも思えました。そこで古くからの知り合いである爬虫類専門雑誌「ビバリウムガイド」編集長の冨水 明氏の知恵を借りることに。初心者にもわかりやすい本にしたいことを理解いただくと、一人のプロブリーダーに助言を求めることを提案されました。その人こそ、本書を監修していただいた寺尾佳之氏です。

　実際に取材をする前に寺尾氏とは何度も長時間電話で話をし、ヒョウモントカゲモドキの現状や、初登場から30年以上たってもまだ完全に飼育が理解されていないことを聞きました。正直言えば、寺尾氏にコンタクトを取る前は、

氏のポリシーが本の主旨に合わなければ、監修の依頼を断ろうと考えていたのです。しかし様々な疑問に丁寧に、情熱的に語っていただく寺尾氏に、本書の監修をお任せできると確信しました。

　そして氏の住む淡路島に泊まり込みでの撮影・取材を敢行しました。図鑑で紹介した個体の多くは、氏がブリードしたもので、その状態の良さが写真でもわかるはずです。取材を進める過程で、私が抱えていた飼育失敗のトラウマも解消されていきました。

　このようにしてできあがった本書には、寺尾氏が長年の飼育経験で得た知識をふんだんに盛り込んでいます。赤玉土などの土を底床材にすることを前面に打ち出しているのも、そのひとつです。実は本書の制作をきっかけに、赤玉土を使って飼育を始めてみたところ、かつて苦労していたのがおかしくなるくらいに順調で、次の餌やりが待ち遠しいほど楽しく飼育できるようになりました。この楽しさをぜひ読者の皆さんにも体験してほしいと感じています。

◆

　最後に、本書の制作にあたり全面的に監修をしていただいた寺尾氏、そして様々なアドバイスをしていただいた冨水氏、「フトアゴヒゲトカゲと暮らす本」に続き病気についてご執筆いただいた田向健一獣医師、お宅訪問にご協力いただいた愛好家の皆様、撮影にご協力いただいたショップ様、さらに飼育器材をご提供いただいた各メーカー様に感謝し、この場を借りてお礼申し上げます。

ヒョウモントカゲモドキに関する
用語集
Glossary

あ

亜種【あしゅ】

限られた地域で見られることが多く、生物の分類では種の下に位置する。ヒョウモントカゲモドキの場合、モンテン（モンタヌス）の学名は *Eublepharis macularius montanus* となり、*Eublepharis* が属名、*macularius* が種名 *montanus* が亜種名。学術記載の際に基本となる亜種が基亜種で、マキュラリウス *Eublepharis macularius macularius* がこれにあたる。

か

ガットローディング【Gut loading】

餌に栄養剤などを混ぜて育てた昆虫などをペットに与えることで、間接的に栄養を摂取させること。

近縁種【きんえんしゅ】

生物の分類において、近い関係にある種のこと。本書ではヒョウモントカゲモドキの近縁種として、オバケトカゲモドキ *Eublepharis angramainyu* を紹介している。

クーリング【cooling】

繁殖の前に低温下で飼育して発情を促し、繁殖行動のきっかけを与える方法。

ケージ【cage】

ペットを飼育するための容器やかご。ゲージ（gauge）と言い間違えることがあるが、ゲージは測定器などの意味なので使う際は要注意。

コンボ【combo】

「組み合わせ」の意味。複数のモルフを交配したものをコンボモルフと呼ぶ。

さ

再生尾【さいせいび】

尾を自切した後に新たに生えてくる尾。ヒョウモントカゲモドキの場合、再生尾はスペスべした質感になることが多い。

自切【じせつ】

生命の危機を感じた時に自分の体の一部を切り離すこと。ヒョウモントカゲモドキは尾を自切することがある。

CB【シービー】

captive breeding の略で、飼育下で繁殖させたブリード個体という意味。

た

ダスティング【Dusting】

昆虫などの餌に直接栄養剤の粉などを振りかけること。

デュビア【Dubia roach】

ペットの餌用として流通する、森林に生息するアルゼンチン産のゴキブリ（アルゼンチンフォレストローチ）。

は

ハンドリング【handling】

ペットなどを手で扱うこと。ヒョウモントカゲモドキの場合はストレスになるため、できるだけハンドリングをしない飼育が推奨されている。

品種【ひんしゅ】

ある生物を飼育下で人為的に交配、選別して模様や色彩を固定したもの。一般に次世代にも親と同じ特徴が現れる。

ブリーダー【breeder】

動物の繁殖や改良を仕事にしている人。

ヘミペニス【hemipenis】

トカゲやヘビなどが持つ生殖器官。半陰茎。袋状で左右一対存在し、交尾時に総排泄腔から押し出される。

ま

モルフ【morph】

ヒョウモントカゲモドキの世界では、「表現型」というような意味で使われる。

わ

WC【ワイルドコート、ダブリュシー】

Wild Caught の略で、野生で採集された個体のこと。ワイルド個体。

● **主要参考文献**

■海老沼 剛・川添宣広 .2014. ヒョウモントカゲモドキ. 誠文堂新光社

■冨水 明. 2012. 新版可愛いヤモリと暮らす本. エムピージェー

■中川翔太. ヒョウモントカゲモドキ品種図鑑. 誠文堂新光社

■「ビバリウムガイド」No.7、No.15、No.27、No.52、No.62（エムピージェー）

■Go !! Suzuki . トカゲモドキ属（Genus Eubrephalis）の分類と自然史（前編）. クリーパー77 号. クリーパー社

INDEX

ヒョウモントカゲモドキ図鑑 モルフ索引

世界の爬虫類・両生類トップブランド「エキゾテラ」

昆虫食爬虫類用フード

常温保存

RepDeli
LEOPA BLEND
レオパブレンドフード

よく食べて
しっかり育つ!
獣医師推奨*

長期試験済

昆虫原料 **アメリカミズアブ** 47%
レオパに必要な **昆虫栄養** たっぷり

カルシウム・ビタミンD3配合

さっと水で
ふやかすだけ

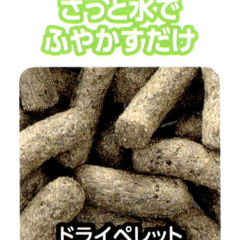

ドライペレット

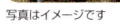

写真はイメージです

室温と同じ温度の水で
霧吹きでカンタン!

＼ おいしい! ／

- 昆虫原料たっぷり(原材料中47%)なので、嗜好性抜群。消化吸収もよいので、活餌よりしっかり大きく育ちます。(第三者機関による試験より)
- 長期給餌試験を実施し、本製品だけで健康に育つことを獣医師により確認済み。(*)
- ドライペレットなので、ふやかすだけで簡単に給餌できます。必要な分だけ使えて保管も簡単。
- 昆虫食の爬虫類全般に与えていただけます。

 **BUG RICH**

「BUG RICH(バグリッチ)」は、高タンパクで必須アミノ酸等が豊富な、栄養価に優れたアメリカミズアブ幼虫を、原料にふんだんに使用した爬虫類用フードシリーズです。

大好評!便利な使い切りサイズの
昆虫食爬虫類用ペーストフード

2種の
 **ミズアブ&コオロギ**

昆虫たっぷり濃厚!

RepDeli トリプルバグペースト
ミズアブ & コオロギ

便利な使い切りサイズ
5g×6本

60g

120g

昆虫食の爬虫類全般に

* 長期給餌試験を実施し、本製品だけで健康に育つことを獣医師により確認済み。

- ●写真はイメージです。
- ●商品の仕様、デザイン等予告なく変更する事があります。

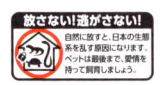

どっちが食べたい？

レプタイルガーデン シリーズ

アクリリック
レプタイルガーデン シリーズ

ハープタイルガーデン シリーズ

デジタル温湿度計

レプタイル加圧式スプレー

Gian Garden

～爬虫類の楽園を創造する～

【ジャイアンガーデン】ブランドは爬虫類を愛するチームによって生み出されました。製品は、「爬虫類たちにとっての楽園となれるように」との想いを込めて開発しています。

〒670-0073 姫路市御立中3-3-20

ホームページアドレス
https://www.kamihata.co.jp

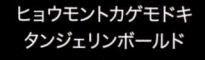

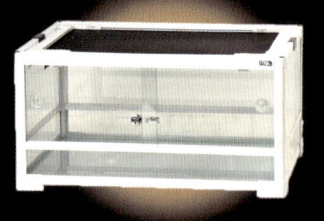

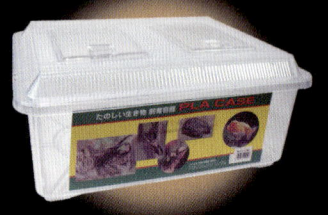

小林昆虫のサテライトショップ

金魚、メダカ、熱帯魚、爬虫・両生類、植物、水草、エキゾチックアニマル、飼料、飼育関連用品

BELEM

by KOBAYASHI KONCHU

東京都江東区に小林昆虫のショップがOPEN!

BELEM（ベレン）
by KOBAYASHI KONCHU

〒135-0003 東京都江東区猿江 2-8-8
Tel. 03-6659-4164
営業時間 12時 − 20時（年中無休）

◀ 詳しい情報は小林昆虫の WEB をチェック！

都営新宿線 / 東京メトロ半蔵門線住吉駅 B1出口徒歩 1 分

監修●寺尾佳之（てらお よしゆき）

1970年、京都府生まれ。TCBF（ティーシービーエフ：TERAO CASTLE BREEDING FARM）代表。幼少の頃より生物に興味を持ち、10歳で熱帯魚などの繁殖を始める。魚類、両生類、爬虫類、鳥類、哺乳類など、あらゆる生物を飼育。動物専門学校卒業後、熱帯魚輸入商社、ペットフード会社、ペットショップなどでの修行（勤務）を経て、京都でブリーダー兼ペットショップを経営。その後、飼育・繁殖に力を入れるため、より良い環境を求めて2003年、淡路島に移住。現在は、のんびりゆったりとした淡路島での田舎暮らしを楽しみながら、ヒョウモントカゲモドキを中心にヤモリやトカゲ、カメなどの飼育・繁殖を行なっている

TCBF　www.gem.hi-ho.ne.jp/terao/

編・写真●大美賀 隆（おおみか たかし）

1970年、栃木県生まれ。観賞魚の専門誌『月刊アクアライフ』の編集部を経てフリー。本書では撮影の他、企画・編集全般を担当。近著に『ベタ＆グーラミィ　ラビリンスフィッシュ飼育図鑑』『フトアゴヒゲトカゲと暮らす本（編・撮影）』『ティランジア　エアプランツ栽培図鑑（編）』『ベタ Betta』（いずれもエムピージェー）がある

STAFF

編集・進行● 伊藤史彦、山口正吾
広告・販売● 位飼孝之、江藤有摩、柿沼 功、鈴木一也
　デザイン● ACQUA
　特別協力● 冨水 明
　取材協力● 中川翔太（豹紋堂）、Endless Zone、
　　　　　　LACERTA ROOM、P&LUXE、TCBF
　　　協力● カミハタ、キョーリン、ジェックス、ジクラ、
　　　　　　スドー、ZOO MED JAPAN、月夜野ファーム、
　　　　　　デュビアジャパン、田園調布動物病院、ピクタ、
　　　　　　BELEM、やもはち屋、レップジャパン、
　　　　　　ワイルドモンスター

新訂版 ヒョウモントカゲモドキと暮らす本

2025年1月11日　初版発行

著　者● 大美賀 隆
発行人● 清水 晃
発　行● 株式会社エムピージェー
　　　　〒221-0001
　　　　神奈川県横浜市神奈川区西寺尾2-7-10 太南ビル2F
　　　　TEL.045(439)0160
　　　　FAX.045(439)0161
　　　　https://www.mpj-aqualife.com

印　刷● 株式会社シナノパブリッシングプレス

©Yoshiyuki Terao, Takashi Omika 2025
ISBN978-4-909701-97-8
2025 Printed in Japan